TIANRANQI GUANDAO
SHIXIAO FENGXIAN CHAOQIAN YUCE JI
BUJU YOUHUA

天然气管道失效风险超前预测及布局优化

安金钰　张祖敬　著

化学工业出版社
·北京·

内容简介

已敷设油气管道运行期失效后果评价“滞后”，其实质是无法在规划阶段超前预测预埋管运行期泄漏扩散范围，深入研究规划期预埋管风险的新方法有现实意义。

《天然气管道失效风险超前预测及布局优化》详细阐述了失效风险（风损）超前预测模型及其对应的布局优化应用方法，主要内容包括天然气管网失效概率超前预测模型、天然气管网失效后果模糊模型及针对性超前预测方法、布局优化应用方法、风险损失最小优化布局的验证方法和布局优化方法完整步骤的实例演示。

本书提出的在规划阶段研究风险损失的超前预测方法可以实现在规划阶段最小化风险损失成本的目的，并且与后期基于常规布局优化的管网建设和运行进行对比分析，便于决策者更好地权衡风险成本和建设运行成本之间的利弊，提出更具针对性且经济效益最优的布局方案。本书可供油气行业建设者、管网维护人员，高等院校相关专业师生，城市安全防灾减灾、城乡规划及城市燃气工程等安全技术相关领域技术人员参考使用。

图书在版编目（CIP）数据

天然气管道失效风险超前预测及布局优化/安金钰，张祖敬著．—北京：化学工业出版社，2023.9

ISBN 978-7-122-43740-2

Ⅰ.①天…　Ⅱ.①安…②张…　Ⅲ.①天然气管道-风险管理　Ⅳ.①TE973

中国国家版本馆 CIP 数据核字（2023）第 119799 号

责任编辑：袁海燕　　文字编辑：陈立璞
责任校对：宋　玮　　装帧设计：王晓宇

出版发行：化学工业出版社（北京市东城区青年湖南街 13 号　邮政编码 100011）
印　　装：天津盛通数码科技有限公司
787mm×1092mm　1/16　印张 10　字数 219 千字　　2023 年 10 月北京第 1 版第 1 次印刷

购书咨询：010-64518888　　售后服务：010-64518899
网　　址：http://www.cip.com.cn
凡购买本书，如有缺损质量问题，本社销售中心负责调换。

定　　价：98.00 元

前言
PREFACE

随着天然气能源地位的逐年提升，城市天然气已逐步取代石油和煤气等能源，成为城市能源供应的主要类型，城市天然气管网系统也发展为城市主要的基础设施之一。同时，生态环保一直是油气行业高度重视的问题，建设“能源开发与生态环境和谐共生”的绿色管道工程已成为油气行业的核心理念。具有易燃易爆特性的城市天然气管网通常敷设于人群较为集中的中心城区，或有重要公共建筑及基础设施的地段，因此其泄漏引起的火灾或爆炸事故导致的直接和间接经济损失极其巨大，包括人员、公共财产安全与环境污染等方面。目前，城市天然气管网布局规划主要依据实地勘察的管道可敷设路线，结合设计人员主观意识予以确定；在理论研究方面主要包括以管长最短为优化目标的枝状管网布局优化，和以管长与供应可靠度为多优化目标的环状管网布局优化，但并未出现在布局规划阶段最小化运行期风险损失的布局优化研究。另外，各种风险评价方法体系的研究均是基于已建管网，并非针对拟建管网的布局规划阶段。例如管道完整性管理是针对已敷设管网运行期风险评价最有效的理论支撑，却因无法在管网布局规划阶段加以实施，表现出“滞后”难题。为在规划阶段实现最小化风险损失成本的目的，笔者提出了失效风险（风损）超前预测模型及其对应的布局优化应用方法，为本领域或其他领域在建设前期的规划设计阶段研究运行期风险损失提供可行的解决思路和方法理论支撑。

《天然气管道失效风险超前预测及布局优化》内容主要包括：第 1 章分析常规优化、布局优化、风险损失和土壤腐蚀的研究现状以及存在的问题，进而阐述本书的研究背景和意义，并概述本书的研究内容和研究方法，同时对本书结构思路进行概述；第 2 章运用天然气管网的风险因素与故障树分析技术对管网失效概率进行分析，构建天然气管网失效概率超前预测模型；第 3 章基于选定的 5 个土壤腐蚀成分，应用统计学理论，分析其与失效后果经济损失之间的相关性，确定自变量的组合优化，建立天然气管网失效后果模糊模型及针对性超前预测方法；第 4 章基于失效概率和失效后果模糊预测模型确定的风险损失模糊预测模型，建立布局优化应用方法；第 5 章分析现有的对比验证方法，提出基于天然气管网参数优化理论和风险评价技术的验证方法。第 6 章应用中压枝状管网实例，演示本书提出的新布局优化方法的完整计算步骤；第 7 章对本书内容进行了总结。

本书的第 1 章、第 3~7 章由安金钰编写，第 2 章由张祖敬编写，全书由安金钰统稿。本书的编写得到了许多同行的大力支持，在此深表感谢。同时，对参考资料原著作者及对本书编写提供帮助的同事表示真心感谢。

本书的研究工作得到了贵州省科技计划项目（黔科合基础-ZK［2022］一般032）“预埋天然气钢管在贵州土壤环境中的点蚀穿孔特性研究”的资助，在此表示衷心感谢。

由于笔者水平有限，书中难免会有疏漏不妥之处，敬请各位专家批评指正。

安金钰

2023 年 3 月

目录
CONTENTS

第1章 绪论

1.1 引言

城市天然气管网系统的布局规划主要针对人口密度大且公共设施和建筑均较集中的城市中心地段，事故一旦发生将导致极为严峻的后果，除了直接的人员伤亡和财产经济损失外，还包括由于泄漏爆炸引发的社会不安全感和环境污染等一系列非直接经济损失。城市天然气管网系统在布局规划阶段优化建设和运行经济成本的同时，不应忽略基于敷设路线选择的运行风险导致的经济损失。风险损失计算现有理论均是基于已建管网的运行阶段进行研究讨论，在规划阶段进行风险损失最小化的布局优化研究虽已被认可为亟待解决的难题，但未有相关文献提出可行的理论方法。本书在统计学分析、故障树建模、熵权法、拟合、逐步回归、神经网络、GA、ACO、管网风险评价和最小生成树算法的理论技术体系支撑下，建立了风险损失模糊计算预测模型、布局优化方法和验证方法。首先在分析现今已有的布局优化方法、常规优化方法和管网风险损失重要性分析的基础上，建立可在布局规划阶段最小化风险损失的布局优化方法，然后分别对其中两个关键环节（当量费用长度和验证方法）进行详细的论述。本书中当量费用长度的确定主要涉及风险损失模糊计算预测模型的建立，核心理论主要包括管网风险评价、熵权法土壤腐蚀综合评价、Origin 拟合、BP 神经网络和 RBF 神经网络。验证方法研究主要运用 GA 智能算法和风险评价。最后通过工程实例演示布局优化方法和验证方法的整个步骤，以验证其可行性和实用性。

为了运用风险损失模糊预测模型（the fuzzy prediction model of risk loss，FPR）计算出的风险损失模糊预测值（risk loss fuzzy prediction value，RFV），设计出可在布局规划阶段最小化风险损失的当量费用长度，依据城市天然气管网系统的特点以及枝状管网（枝网）和环状管网（环网）的布局优化物理学模型，建立了在布局规划阶段实现风险损失最小化的枝状管网布局优化数学模型（数模）和环状管网布局优化数学模型。通过对比分析图论中的各种生成树算法，最终选定基于最小生成树的 Kruskal 算法求解枝状管网布局优化数模；本书应用两种智能算法，即蚁群算法（ant colony optimization，ACO）和遗传算法（genetic algorithm，GA）解决环网布局优化数模的两个难点。最终利用编制的求解程序，确定 RFV 最小的优化布局。

为了体现超前预测的应用效果，依据传统的对比验证方法和本书布局优化的特点，结合天然气管网参数优化数模与 GA 理论基础，建立了布局优化的验证方法，以确定传统风险损失成本（traditional risk loss cost，TRC）最小的优化布局（LT）。进而针对一中压环状管网实例，利用本书提出的布局优化方法和传统理论，分别确定出 RFV 最小布局（L1）和路径最短布局（shortest path layout，L2）；再运用传统风险损失成本计算方法（traditional cost calculation method of risk loss，TMR）和 GA 参数优化结果，分别计算出这两种布局对应的建造成本、TRC 和综合成本等优化参数以及 L1 相对于 L2 三者的差值百分比，得到环网和枝网的参数优化不同的结果。主要原因是环网布局优化的目标函数不仅表示路径最短，同时还需满足可靠性最好。另外，本书的同步优化布局应用于环状管网系统时，最理想的案例不仅可以最小化风险损失，还可使建造成本与综合成本更小，使基于风险损失最小化的布局优化具有明显经济效益。

完整应用本书方法实现风险损失最小化的布局优化，利用一中压枝状管网系统完整演示同步优化方法的核心技术，主要包括如下关键步骤：失效概率预测、风险损失模糊预测、两种优化布局的求解、两种优化布局对应的参数优化求解和传统风险损失计算。本书建立的基于风险损失最小布局优化方法所确定的 RFV 最小布局（L1）造成的风险损失成本相比传统布局优化所确定的最短路径布局（L2）造成的风险损失成本小 11.709%。另外，根据两布局参数优化确定的建造成本可知，风险损失最小布局 L1 的建造成本相比最短路径布局（L2）的建造成本高 13.917%。对比两布局的综合成本（上述两种成本总和）可知，尽管此实例风险损失最小布局的风险损失最小，建造成本并非最小，但前者的综合成本相比后者却节省约 2.308%。

综上，本书建立的失效风险超前预测方法及布局优化应用，通过对比分析两种布局对应的三种成本，可使决策者更好地权衡风险成本和建设运行成本之间的利弊，提出了更具针对性且经济效益最优的布局方案。该方法可扩展应用于内壁腐蚀、第三方破坏和地质灾害等失效顶事件引起的预埋管泄漏扩散区域预测，结合已有的失效概率超前预测模型及失效后果经济损失计算理论，打破了布局规划阶段无运行期风险评价的“盲区”，有望为油气管道的整体布局优化和置前风险管控的相关研究领域提供理论依据。

1.2 国内外研究现状及总结

1.2.1 天然气管网优化方法研究现状

(1) 国外优化模型及算法

天然气管网常规优化方法通常指的是管网布局优化和参数优化。其研究大部分为分步优化研究，即在管网布局已定的基础上对管径和压力等参数进行优化，也有极为少数针对管径和布局同步优化的研究。20 世纪 60 年代便有很多学者致力于研究输气管道优化设计方面的理论问题。Rothfarb 开发了一种利用动态规划法的合并技术，使管径可能的组合数和节点数间大体呈现线性关系而非指数规律方式增加[1]。1972 年，美国纽约大学的 Chang 教授通过引入外点（Steiner 点）提出了 Steiner 算法，使得网络最短树总长小于或等于仅考虑固定点的常规图论应用求解的最短路径总长[2]。1983 年，Goldberg 将遗传算法用于管段系统的优化及机器学习，并对西南向东北的运输天然气管网系统进行了系统模拟试验[3]。Simpson 和 Dandy 基于遗传算法对配水系统优化设计进行了深入研究，并于 1992 年成功实现遗传算法求解管径优化设计问题的测试[4]。直到 1995 年，遗传算法优化技术才得以广泛应用，并可有效分析复杂的管网系统规划和设计问题[5-7]。此外，哈克斯利用库恩-塔克定理确定管道系统最优设计的研究工作成果和实际情况较为接近。另外，Cheesman 采用坐标轮换法开发的管网优化设计软件为管径和压力优化设计计算提供了极为便利的工具，在缩短计算时间的同时也可节省人力物力[8]。

美国 CNGT 公司设计出了针对燃气消耗量最省的优化软件，其中包括分节点和管段优化等多方面问题[9]。2000 年，Sun 等建立了管网运行优化专家系统，运行人员不仅可利用此系统测定管道内流体的运行状态和对应能耗指标，还可建立管网运行情况优化模型[10]。威廉斯公司于 2001 年开发的 Citcdm 新型管网运行监视优化系统在美国一个洲际天然气管网试验中取得了较为理想的运行优化效果，为企业节省了极大的物力人力[11]。Ainouche 建立了管网运行线性规划模型，以需求量预测为优化目标，对天然气流量进行了系统模拟分析计算，并通过实际应用验证了其实用性[12]。1994 年，Babu[13] 将差分进化（DE）方法用于解决 Edgar 于 1978 年应用非线性规划和分支定界方法求解的管径优化问题[14]，实例证明了所获得的优化目标函数的建设成本与运行时间均得以优化。Üster 和 Dilaveroğlu 提出了一个新的管网优化模型，针对管网的改扩建以建设、运行和运输总成本为优化目标，进行管径参数的优选[15]。Al-Sobhi 和 Elkamel 对 LNG 和 CNG 进行了参数优化设计和风险评价分析，提出了新的参数优化模型[16]。Ríos-Mercado 等[17] 针对天然气管网最新综述提出管网的优化设计不仅应考虑建设运行成本，更应涉及风险损失，这也成为管网优化研究领域的一个新挑战。

（2）国内优化模型及算法

国内的天然气管网优化研究虽起步较晚，但也有不少研究成果。1988 年，李书文和姚亦华针对天然气集输网络静态数学模型提出了基于综合约束函数双速下降法（SCDD）和混合函数法（SUMT）的静优化算法，并通过实际应用验证了其所具有的实际意义[18]。宋东昱和肖芳淳应用可靠性理论和灰色系统理论并结合最优化技术，针对管网系统优化设计中所遇到的白色、灰色和随机等影响因素，提出了地下管道结构多目标可靠性灰色优化设计思路[19]。李长俊于 2001 年针对输气管道线路投资、压气站投资和运行管理费用及对应的工艺需求提出了管网优化模型，并利用复合型求解算法对离散和连续变量进行了求解[20]。曾光在确定的管网布局的基础上，利用逐次逼近方法对具有连续和离散变量的混合规划管径优化问题进行了优化求解[21]。马孝义等通过二级整数编码遗传算法对枝状管网布局和管径进行了分步优化（首先将设计人员经验和整数编码遗传算法相结合确定出几种路径最短的管网布局，然后以确定的优化布局为前提，进一步用整数编码遗传算法求解出管径的优化方案），并与传统的布局和管径确定方法进行了对比分析，以验证提出的算法的可行性和实用性[22]。周荣敏等基于已确定的环网布局，应用整数编码的改进遗传算法对环状管网进行了管径优化，并运用实例验证了其具有无需预先分配流量的简便优点，从而克服不同流量分配模式对优化最小费用这一目标函数的限制，尽可能实现了管网投资最省的目的[23]。

1.2.2 天然气管道风险评价方法研究现状

（1）风险评价方法分类

管道风险评价技术从40多年前发展至今，已有越来越多的学者和管道公司在相关领域建立起广泛应用的3大类评价方法，即定性风险评价方法、半定量风险评价方法和定量风险评价方法。

定性风险评价（qualitative risk assessment）是基于评价人员主观的专业经验和判断能力，对生产系统设计的工艺、管理及设备等要素的运行情况进行分析，寻找系统可能存在的各种风险因素，并依据各个风险因素的重要程度采取相应的预防控制措施。此类方法的优点在于操作简便，但也存在主观经验带来的无法充分体现系统危险性的局限性。安全检查表（SCL）、预先危险性分析（PHA）、故障类型和影响分析（FMEA）以及危险与可操作性分析（HAZOP）为主要的定性评价方法。

半定量风险评价（semi-quantitative risk assessment）是应用数学模型或算法对事故发生概率和事故后果对应的相应指标进行组合计算，以确定相应的风险值。此方法可针对事故概率与事故后果两方面，评价结构复杂系统和难以用概率计量的危险性单元。其不足体现在未能充分重视系统安全保障体系功能以及危险物质与安全保障体系之间存在的相互关系。火灾爆炸指数评价法、蒙德法和阶段安全评价法等属于此类风险评价方法，应用最为广泛的为Muhlbauer提出的肯特法。

定量风险评价（quantitative risk assessment）是对分析对象的失效概率和事故后果的严重程度进行量化，通过数值描述评价系统风险的危险等级。通过量化个人风险（individual risk）和社会风险（social risk）作为决策依据，可更加全面地评估潜在事故后果的可能性和严重度。Rasmussen教授于1974年运用了定量风险评价方法对美国民用核电站的安全性进行分析，从此，定量风险评价方法开始在石油化工领域得到广泛应用。目前，定量风险评价主要针对运行期系统的生命安全风险和经济风险进行评估，几乎没有在规划阶段进行风险评价的方法理论。另外，定量风险评价必须基于历史失效概率统计数据库，我国在此数据基础方面与美国等国家仍存在较大差距。

（2）国外风险评价方法

1992年，Muhlbauer在《管道风险管理手册》中论述了管道风险评价模型与对应的评估方法，并对油气管道风险评价技术设计的第三方破坏、设计、腐蚀和操作四类失效因素进行了详细分析[24]。1996 年，此书的第二版补充了针对不同条件的管道风险评估修正模型，同时增加了关于风险和成本关系的风险管理部分内容[25]。1973 年，Kiefner 建立了针对管道缺陷失效概率的定量风险评价模型[26]。其研究成果被美国 ASME B31G 采纳，用在了管道表面缺陷评价，并进一步与加拿大联合，提出了被认为过于保守的且不适用于密集缺陷估算的定量风险评价方法。Hong 针对管道外部腐蚀导致的新缺陷进行了相关检测和维护研究[27]，为风险评价分析提供了基础数据。Caleyo 等研究了腐蚀缺陷管道的可靠性评价方法，概括了较为完整的可靠性评价模型[28]。Godfrey 建立了提高管道完整性的风险评估方法[29]，以此为基础，英国和加拿大等国先后针对具有危险性的管道出台了进行风险评估的相关规定，并将风险评估及非强制性管道风险评价指导方针加入到了管道标准规范中[30,31]。美国很多管道公司和能源公司，包括 NGPL 公司、Amoco 管道公司（APL）和科洛尼尔（Colonial）等，均利用了风险评价模型对运行期管网进行风险管理。加拿大的 NGTL 天然气管道公司和 NOVA 管道公司都开发了管道风险评价软件，通过与 GIS 结合提高风险分析的准确性和高效性。英国 BG 公司依据英国工程技术学会（IET）TD/1 管道标准草案 GS8010 编制了便于输气管道风险和危害性分析的软件 TRANSPIRE。法国国际检验局依据美国 API 581 标准编制了用于评价各类化工设备和管道的风险评价软件 R. B. Eye。这些研究均具有较大的实用价值[32-34]。

(3) 国内风险评价方法

通常与管道制造和设备有关的失效因素在管道建成后已较为稳定，考察的准确程度不会有明显变化，而第三方破坏、自然外力和误操作等失效因素，由于具有较大随机性，需通过大量调查的实际事故数据资料加以确定。与国外相比，我国的管道评估存在很多实际难以实现的难题。欧美国家储存了大量管道运行历史事故的失效后果经济损失等基础数据，使得针对随机事故建立的失效概率模型具有较高准确度，然而我国在此领域的实际数据较少，且可行度不够，致使相关方面的建模难度较大[35]。

姚安林针对我国油气管道风险评价体系中存在的可靠原始数据少且失效因素难以确定等问题提出了建立油气管道信息数据库和完善管道风险评价体系以及发挥技术标准作用等风险评价思路[36]。余涛应用风险评估基础理论，提出了一种半定量风险评估技术，并结合定量风险评估技术，对石化装置进行了风险评估[37]。田娜等应用灰色关联分析方法和肯特法对管道风险评价体系进行优化，成功解决了设计多因素综合评价问题[38]。王凯全等通过调整肯特评分法中的评分项目和事故因素权重，建立了适合城市高压天然气管道特点的评价体系[39]。徐慧等基于海底管道涉及的风险特点提出了一种利用灰色模式识别理论与层次分析方法结合改进的管道定量评价思路[40]。陈航等通过分析各国典型管道事故对应的主要风险因素的失效概率，提出了进行区别性划分的管道风险评价方法[41]。翁永基通过对油气管道事故涉及的泄漏概率及对应 3 种失效后果进行详细分析，提出了应用危险矩阵的风险等级确定模型[42]。王金柱等运用 Aramis 的研究成果并结合管道失效模型、数据插值和 GIS 技术对天然气管网系统进行了风险评价分析[43]。黄小美等提出的以定量经济损失为风险评价指标的基本程序适合某一管段的风险分析，并指出我国现今严重缺少对相关失效及事故基础数据的收集整理[44]。潘婧等针对管道评价体系中的复杂计算过程，提出利用MATLAB的灰色理论和熵权法相结合的技术理论建立基于灰色熵权法的管道风险评价模型[45]。温濠玮等以管道破裂喷射火造成的危害距离为事故后果衡量标准，并基于国外油气管道事故案例建立了水下穿越天然气管道的风险分析方法，可确定不同因素引起的事故发生概率[46]。杜学平强调在管网设计阶段，特别是方案必选时对风险进行评估极为重要。其基于整合的历史数据，将常用的几种风险评价理论应用于实际，建立了实用性强的定量风险评价方法[47]。梁磊结合地理信息系统（GIS）提出了一种考虑城市燃气管网多管段共同作用时评价管网风险的思路，并在此基础上提出了基于多种评价技术的系统数据库的总体设计[48]。唐亮利用定量风险评价方法结合后果模拟评价法对某天然气管道进行了定量风险评价，并对多种风险评价方法进行了对比分析[49]。罗小兰等在研究原影响范围的基础上总结指出天然气管道在布局阶段，可根据预测的风险结果合理选线以达到减少人员伤亡和降低环境污染风险的目的，保证管网输气的安全性和可靠性[50]。郑艳红等指出风险管理的重点应为合理选线及工程本质风险防范，此处的本质风险防范指的是管道选线布局规划方面的研究[51]。高俊波针对引起官网失效的部分因素，利用模糊综合评判法对其进行分析量化，建立了城市燃气管网的风险定量分析模型[52]。王岩根据城市天然气管道的特点对肯特法进行了改进，并通过实例验证了改进的肯特法所获得的风险评价结果的可行性[53]。李强等总结了导致风险的各种危险因素，提出了相应的应急管理办法降低风险造成的严重后果[54]。王翠平主要对风险评价后果分析中泄漏事故的影响后果进行了初步研究，针对性地提出了风险控制措施[55]。周代军利用模糊综合评价法对专家模糊语言进行了量化分析，在此基础上提出修正因子法修正了城市燃气管网失效概率[56]，并基于管道失效后果的定量分析建立了管道失效的直接、间接经济损失和非经济损失的货币量化模型。陈文书和高博禹对风险评估的重要性及风险评估方法的研究现状做了简要阐述，并指出城镇燃气风险防范的控制方法还有待进一步研究完善[57,58]。付小方运用层次分析法、模糊指数综合法和专家打分法，结合实际案例对管道失效风险进行了等级评价[59]。王勇提出以经济损失“元”为失效后果和风险最终等级衡量标准对实例进行风险定量评价分析[60]。戴联双等详细介绍了风险预测相关评价技术，提出利用数据挖掘技术，建立评价指标体系，并结合风险贡献率判定和数据对齐相关技术，对管道风险评价实现定量化后再进行等级排序[61]。王俊强分析对比了中美油气管道在高后果识别和完整性评价相关技术方面的特点与区别，并提出了我国现阶段油气管道完整性管理在技术和监管以及标准规范制定等方面存在的问题以及研究侧重方向[62]。王天瑜以定量风险计算模型中的失效概率和事故后果为理论基础，在考虑管网初步规划选线的过程中，提出了基于人员伤亡风险的天然气管道与人员之间的安全间距计算方法，基于贝叶斯更新原理，确定了天然气管道基础失效概率，并对个人风险和社会风险的可容许标准进行了进一步分析研究[63]。

（4）风险预测模型

对油气管道工程运行期的风险预测通常包括两个环节：一是运用直接观测手段或是

无损害探伤技术检测管道；二是通过建立的管道失效模型对其进行风险评价分析。其中，针对腐蚀和疲劳等失效因素导致的管道失效模型是风险预测的关键步骤。Kiefner 和 Vieth 于 1989 年通过对材料膨胀系数和流变应力即缺陷形状进行分析，对已有的模型进行了改进[64,65]。此方法从腐蚀导致的管道寿命预测逐步深入到综合考虑管道周边环境多种因素共同作用下的可靠性评价研究。Ahammed 针对承压管道腐蚀导致的剩余强度及剩余寿命进行了预测[66,67]。Klever 和 Stewart 进一步研究了腐蚀环境中管道爆破因素导致的强度预测，针对运行管道建立了新的腐蚀预测模型[68]。2000 年，Cooper 等利用 GIS 技术评估了供水干线失效风险，并采用多个协同变量 Logistic 方程对其进行了分析计算[69]。2006 年，Palmer-Jones 等提出了基于可接受失效可能性的完整性管理体系的检测周期[70]。Edmonton 和 Zhao 分别于 1996 年和 2000 年提出了具有较大的主观性，且基于一种风险评估模型的针对污水管检测周期预测的完整性管理体系[71,72]。Kleiner 于 2006 年针对地下设备的安全状态评估提出了确定检测时间、更换退化管道事件和维修方法选择的控制和管理办法[73]。马坤利用模糊神经网络和过程神经网络，分别以不同的参数为输入变量，预测了腐蚀等级和腐蚀速率[74]。胡翩等运用变权综合理论建立了变权赋值模型，以此对天然气管道的风险评估进行改进，实现了天然气管道动态风险评价[75]。冯文斌运用层次分析法对潜在事故危险程度等级进行了定性和定量相结合的预测分析[76]。杜学平等运用回归分析方法，以管径为自变量分别对微孔事故率、孔洞事故率和断裂事故率进行了拟合预测[77]。林一基于风险评估基本理论，着重考察了多种事故中人员风险的水平，并利用模拟方法对各种事故失效概率进行了计算分析[78]。梁辰利用灰色系统预测模型对异常的安全因素出现的时间进行了预测，以实现预测城市天然气管道的事故发生的时间区间，达到提前预防减少事故的目的[79]。隋丽静以项目成本水平为自变量，运用非线性回归方法估算了各种项目成本，并且指出了在规划阶段考虑风险的重要性[80]。宿兰花基于模糊逻辑推理基本理论，结合模糊诊断技术，利用正规模糊神经网络和模糊支持向量机对管道失效模式（即其中的腐蚀失效模式）进行了诊断[81]。

（5）土壤腐蚀风险评价及预测

埋地钢质管道的腐蚀根据不同标准可划分为不同类型，如根据腐蚀发生位置可分为内部腐蚀和外部腐蚀；依据腐蚀发生机制可分为化学腐蚀和电化学腐蚀；依据腐蚀结果可分为局部腐蚀和全面腐蚀；根据腐蚀产生的环境因素可分为大气腐蚀、土壤腐蚀和海水腐蚀等。其中管材的土壤腐蚀是造成管道失效的重要原因，同时也是影响管道运行安全的主要因素。目前，我国在埋地燃气管道的腐蚀状况评估方面没有统一的标准体系，均是依据现场的检测数据对某管段进行腐蚀状况评估分析。

国外针对管道腐蚀的研究在 20 世纪 80 年代就已逐渐形成比较全面的理论研究体系，开展的现场试验对腐蚀预测方法和评估方法的提出起到了极大的推进作用。20 世纪 80 年代，Coulson 等[82] 提出了综合腐蚀评价方法，运用 20 多项得分总数对土壤腐蚀性进行了综合评价。虽然该方法较为全面可靠，但评价过程涉及的评价指标项较多，以致无法推广应用，不具备广泛的实用性[83]。国内学者潘家华于 1995 年全面翻译和介

绍美国的 *Pipeline Risk Management Manuel* 是最早针对管道腐蚀风险评估方面开展的研究工作。石磊明[84] 通过模糊数学和指数评分方法相结合的思路建立了针对埋地燃气管道的风险评估指标体系，并通过实例对涉及的埋地燃气管道进行了腐蚀安全等级评估。赵秀雯利用层次分析法与模糊综合评价法分析了影响管道外腐蚀的主要因素，并指出影响埋地天然气管道外腐蚀的主要因素为杂散电流、防腐层状况、土壤性质和阴极保护四个方面[85]。苗金明等[86] 基于前人对评估指标的统计分析，提出了埋地管道腐蚀的主要影响因素指标，并建立了针对非开挖技术的城市埋地燃气管道的腐蚀程度评估模型。李欣应用主成分分析方法确定了埋地燃气管道外腐蚀的主要影响因素指标，通过建立主成分分析模型，提出外防腐层状况为影响管道外防腐能力的主要影响因素[87,88]。云中雁利用管道现场检测数据和已收集的管道基础资料，通过统计分析确定出 10 个影响埋地燃气管道腐蚀的主要因素，包括土壤 pH 值、阴极保护、土壤腐蚀性、杂散电流、电流干扰、阴极检测频率、抢修次数、防腐层状况和涂层种类与材料[89]。陈报章等利用归一化原理对灾害风险度与风险损失度进行了相关等级的划分，并以此为依据提出了一种基于国内外自然灾害风险损失评估研究成果的单一灾种和复合灾害风险损失度相对等级划分方案与划分方法，其中的自然灾害包括土壤腐蚀灾害[90]。马剑林研究了地质灾害对管网安全的影响，发现管道的安全与地质紧密相关，提出管道地质灾害区划与防治是整个石油天然气行业乃至相关各个管理部门亟待解决的问题。地质灾害属于管道环境的一部分，且与土壤密切相关，土壤又会引起土壤腐蚀，进而导致管道风险出现[91]。何仁祥和尹法波等分析了地震区长输天然气管道的失效因素和失效后果，应用风险矩阵方法构建了失效风险等级评价体系，结果表明风险的失效因素和失效后果均与管道所处环境相关[92,93]。杨媚提出以“人/年”为影响后果的衡量标准，以此确定了管道泄漏等失效事故造成的环境风险评价方法[94]。

武珊珊针对土壤风险评估中的难点问题，即不确定分析，利用了常用成熟的蒙特卡洛模拟预测天然气突发的泄漏事故以及对应的环境防护距离，以分析泄漏孔径、风速和问题等变量的不确定性[95]。陈龙等通过分析事故发生后的直接费用损失，利用单项风险事故的损失费用与工程总投资的百分比表示了直接费用损失[96]。刘丹丹基于级联神经网络，针对管道腐蚀失效模型中存在的不适应性建立了一种管道腐蚀失效模型[97]。郭阳阳选取 6 个土壤理化指标（包括电阻率、氧化还原电位、含盐量、含水量、pH 值和 Cl 离子含量）对 Q235 钢进行了腐蚀预测分析[98]。魏亮选取电阻率、pH 值和含水率三种土壤成分指标综合判断腐蚀强度，提出了镁合金牺牲阳极法应用于土壤牺牲阳极材料的新方法[99]。郭人毓选取 pH 值、电阻率、还原电位、含水量、硫酸根含量、盐含量、土壤性质 7 个土壤指标，应用有限元软件计算了大庆炼化原料气外输管道外防腐层的缺陷大小及腐蚀的等效应力[100]。赵志峰选取 pH 值、Cl 离子含量、硫酸根含量、碳酸根含量、碳酸氢根含量和含水量 5 项土壤成分指标，结合集对理论多元联系数分析思想，针对管道的腐蚀态势和防护态势两方面的联系进行了综合评价分析[101]。程兴选取电阻率、pH 值和还原电位 3 个土壤成分指标，基于埋地燃气管道的腐蚀趋势预测模型与最大允许腐蚀深度计算模型，针对实例建立了系统的腐蚀管道剩余寿命预测模型[102]。康洪通过对埋地金属管道的腐蚀机理进行详细分析，确定了 9 个土壤指标为土壤腐蚀的主要影响因素，主要包括土壤离子含量、防腐层种类、服役年限、土壤 pH 值、氧化还原电位、土壤电位梯度、土壤水分、土壤电阻率和管地电位[103]。董超芳等应用室内外现场埋设土壤腐蚀模拟实验，运用数据处理方法探讨了土壤腐蚀规律[104]。刁照金选取含水量、pH 值、Cl 离子含量、硫酸根离子含量和电阻率 5 个土壤指标详细分析了原油集输管道的土壤腐蚀成因和管道防腐主要技术，通过对外腐蚀坑深检测值进行统计分析，并结合局部腐蚀发展公式对剩余服役寿命进行了统计估算[105]。黄蓉选取电阻率、氧化还原电位、含盐量、含水量和 pH 值 5 个土壤理化指标针对土壤腐蚀等级建立了神经网络预测模型[106]。高姿乔等通过选取土壤质地、土壤积水状态、土壤均质性、电阻率、含水率、氧化还原电位、pH 值、Cl 离子含量和硫酸根离子含量 9 个土壤指标以及设定土壤腐蚀速率建立了蒸汽管线的物理模型和数学模型，详细分析了不同条件下的管线与周边土壤温度的分布规律，利用逐步回归确定了 3 元线性回归函数预测模型[107]。

1.2.3　天然气管道布局优化方法研究现状

城市的燃气管网系统不仅是城市建设的重要组成部分，也是市政公用事业的一项主要设施。若想合理地建设好城市燃气管网，必须在城市规划总的原则和要求下，根据城市燃气供应的规模、主要供气对象及气源情况，遵循国家的相关方针政策做好城镇燃气供应管网的整体规划。这一规划是编制城市燃气管网工程计划任务书和指导城市燃气管网工程分期建设的重要依据[108]。城市燃气管网规划方案的编制是以满足城市燃气供应发展需求为前提，基于总体规划思想，结合因地制宜和统筹兼顾原则设计出技术先进、经济合理、安全可靠且环保的管网系统。依据国民经济发展计划与燃气供应发展速度通常规定城市燃气管网规划的年限为五年、十年或更长。燃气规划的主要任务包括：首先在依据国家相关方针政策并遵循上级主管部门的指示前提下合理计算城市燃气负荷、气源的种类与所需规模，然后基于所计算出的负荷总量并结合供气原则对管网系统进行合理布局设计；依据已确定的供应规模和各类用户的用气量总和设计出经济合理的输配系统方案，包括涉及的调峰方式；针对不同地区的城镇规划政策、地形、拥有的气源、用户分布情况与设备供应条件等因素进行技术经济分析及方案必选，并对城市管网进行布局优化和水力计算[109-112]。

燃气管网可依据敷设方式、输送压力与用途进行分类。根据用途不同可分成长距离输气管线，包含的干管和支管的末端为城市或者大型工业企业的气源端；城市燃气管道，通常包含配气管、引入用户管和室内燃气管；工业企业的燃气管道，通常包括引入工厂管与厂区内燃气管及车间内燃气管与炉具前燃气管。依据敷设方式不同有地下燃气管道与架空燃气管道之分。根据输送气体的压力级别不同分为低压、中压 B、中压 A、次高压 B、次高压 A、高压 B 与高压 A。现代化城镇燃气输配气管网系统为复杂的综合市政设施，所需构成部分如下：不同压力级制的管网布局；加压站或减压站包含的各种加压或减压装置；包括监控与调度控制的智能控制中心和管理维护中心。燃气管网是构成城市燃气输配系统最主要的部分，因而通常认为城市燃气管网系统的经济支出主要取决于管网造价。

城市燃气管道的选线一般均为地下敷设，通过以下各相关规范确定管段布线的具体方位，然而设计人员通常采用实地考察后基于安全间距的方法确定管网布局[113]。但实际可敷设路径通常包含多种布局方案，仅凭借设计人员的主观选线并不一定能保证经济性和安全性，因而需要布局优化方面的各种相关研究[114,115]。目前的燃气规划理论和相关标准规范均未出现在布局规划阶段对风险损失进行量化分析的方法思路。

(1) 国外相关标准规范

依据美国国家标准《输气和配气管道系统》(ASME B31.8) 与联邦法规《管道安全法天然气部分》(49CFR 192)，美国遵循控制管道的自身安全性这一指导思想以确保输气管网建设运行安全。ASME B31.8 规定的地区等级分区需按照居民或建筑物的密度指数将管道沿线分为 4 个地区等级，具体步骤为：在管道中心两侧的 1/8mile (1mile=1609.344m) 内将其划分为长度为 1mile 的若干管段，计算的若干管段内的居民独立建筑物或居民数目即为此区段建筑物或居民的密度指数，并以此对照标准中图表确定地区等级。另外，ASME B31.8 根据管道使用条件规定许用应力取值范围为 $0.4\sigma_s$～$0.72\sigma_s$。针对处于野外或人口稀少地区的管道，规定对应的设计系数趋于 0.72，此范围的管道发生事故时对外界的影响程度不大；针对交通频繁、楼房集中或人口稠密的区域，规定设计系数取值趋于 0.4，输气管道巨大的弹性压缩能量由于破坏将导致极为严重的后果。《液烃和其他液体用管道输送系统》(ASME B31.4) 针对输油管道未规定管道同建筑物之间的距离，《液体管道联邦最低安全标准》(195.210) 规定了管道与住宅或工业建筑的最小间距是 50ft (1ft=0.3048m)。

前苏联针对大型管道的安全设计主要体现在将安全距离控制在一定范围，以减少管道事故对周围人员或建筑物的影响。长度超过 50m 的干线输油管道，对应的直径 219～1220mm 的用于开采或储存输送商品油的管道，СНиП 2.05.06—85《干线输送管道》依据管道结构、地形和工作安全条件将其划分为 4 级，并规定了各级管道与各种建筑物之间的安全间距，以及不同等级对应的管道采用的计算强度标准。

加拿大联邦政府对油气长输管道的管理主要依据能源局所颁布的相关安全标准，包括《地下碳氢物质的储存》(CAN/CSA Z341)、《国家能源局法》、《液化天然气的生产、储存和处理》(CDA Z2) 和《油气管道系统》(CSA Z662)。其中 CSA Z662 针对输送高压蒸汽油品管道规定了确定管道埋深的各等级地区采用的不同设计系数。

(2) 国内相关标准规范

《石油天然气管道保护法》针对管道的安全间距做出以下规定：管道须避开易发生地质灾害和地震活动断层区域，并满足相关法律法规和规范的强制性规定的与构建筑物、铁路、公路、航道、光缆、电联等多个安全间距；管道及附属设施与易燃易爆物品的生产经营以及变电站、储气罐、加油加气站等储存场所，还有居民区、医院、娱乐场所、车站和学校商场等高密度建筑区的安全间距均需符合国家标准规范的相关强制性规定。

《输油管道工程设计规范》（GB 50253—2014）依据控制安全间距原则对如下情况的安全间距做出了相应规定：布局总走向、中间站和大中型穿跨越工程的方位；城市水源区、飞机场、火车站、码头、国家重点文物保护单位、国家自然保护区和军事设施、工厂等禁止通行区域；矿产资源区、严重危及管道安全的地震区和不良工程地质区等需避开区域。涉及的具体安全间距的相关规定如表 1.1 所示。

表 1.1　埋地输油管道与地面建（构）筑物的最小间距

建(构)筑物类型	最小间距/m
城镇居民点或独立的人群密集房屋	15
飞机场、河(海)港码头、大中型水库、水工建(构)筑物	20
与管道平行敷设的高速公路、一二级公路(指管道中心距公路用地范围边界)	10
与管道平行敷设的三级及以下公路(指管道中心距公路用地范围边界)	5
与管道平行敷设的铁路(指管道中心距公路铁路用地范围边界)	3
军工厂、军事设施、易燃易爆仓库、国家重点文物保护单位	有关部门协商

注：敷设在地面的输油管道与沿线建（构）筑物的最小间距按照本表加倍。

《输气管道工程设计规范》（GB 50251—2015）按照控制管道自身安全性原则，运用强度安全法，依据管道所属区域居民活动对管道的壁厚做出了相应规定，并针对管网布局规划的总体布局规定如下：宜避开盐堆、沼泽、泥石流、沙漠、严重地震区和软土、滑坡等不良地质区域；宜避开穿跨越工程和压气站以及经济作物区域和农田基础设施；须避开通过时需采取包含措施的区域，比如易燃易爆仓库、国家重点文物保护单位和军事基地；禁止通过铁路公路隧道、铁路编组站、大型客运站、变电所和桥梁等基础设施区域。具体针对管道周围人口密度划分的地区等级规定的强度设计标准系数如表 1.2 所示。

表 1.2　地区划分等级和强度设计系数

地区等级	划分依据	强度设计系数 F
一级一类地区	不经常有人活动及无永久性人员居住的区段	0.8
一级二类地区	户数在 15 户或以下的区段	0.72
二级地区	户数在 15 户以上、100 户以下的区段	0.6
三级地区	户数在 100 户以上的区段，包括市郊居住区、商业区、工业区、发展区及不够四级地区条件的人口稠密区	0.5
四级地区	四层及四层以上楼房(不计地下室层数)普通集中、交通频繁、地下设施多的区段	0.4

《66kV 及以下架空电力线路设计规范》（GB 50061—2010）规定了埋地输油管道和架空输电线路平行敷设时需满足的安全间距。

《（110～500）kV 架空送电线路设计技术规程》（DL/T 5092—1999）规定的埋地输油管道和架空输出电线平行敷设时的安全间距如表 1.3 所示。

表 1.3 埋地输油管道与沿线架空电线的最小间距

架空电线标称电压/kV	最小安全间距/m	
	开阔地区	路径受限地区
110	最高杆(塔)高	4.0
220	最高杆(塔)高	5.0
330	最高杆(塔)高	6.0
500	最高杆(塔)高	7.5

(3) 布局优化模型及算法

随着计算机和各种智能算法高速发展，城市燃气行业针对复杂管网水力计算中人工难以准确快速计算的参数优化问题，利用计算机智能算法高效获得了高精度的优化结果，但在燃气工程布局优化方面的高速智能化研究进展还有待进一步深化。

Mohitpour 于 2003 年利用反复试算和误差比较，通过对比分析多个管网布局方案确定了最优布局[116]。Nie 于 2006 年应用神经网络选取最优的节点连接矩阵，从而计算出了总长最短的管网优化布局[117]。Ruan 于 2009 年针对管网布局中压缩机站的布局和压缩比问题进行了优化研究，运用了“排名优化”的方法使单个管道的建设运行成本最小[118]。Chapon 于 1990 年建议管网中的压缩机站应等距布置且压缩比应相同，同时压缩机站出口压力与最大容许压力应相等[119]。Sanaye 于 2013 年利用 GA 对天然气管网的建设运行成本和布局进行了同步优化研究[120]。

国内，相对于城市燃气管网的布局优化研究，城市给排水和供热管网布局优化方面的研究更为深入广泛。Chang 于 1985 年提出了一种名为 Steiner 的新的适用于给排水管网布局优化的最小生成树算法，该算法简单，编程方便，易于确定最优解[121]。李文书于 1989 年基于已有的布局优化基础理论，提出了集输管网布局问题的数学优化模型，并应用 Steiner 最短树生成算法、Kruskal 算法和 Prim 算法这三种已有数学模型对其进行了求解，以极大提高布局优化计算效率[122]。刘杨等于 1992 年针对枝状和环状油气集输管网系统的布局优化问题进行分析讨论，在布局优化模型和算法方面取得了进一步突破[123-126]。郑清高于 1995 年利用先确定几种可行优化方案再采取关键路线的方法确定了优化布局的分步策略，并结合 SI 算法对集输管网最短路径布局进行了优化研究[127]。李波等于 2001 年基于已有的管网布局优化算法，通过对比分析输气管网和供水管网各自的布局特点，提出供水管网布局优化的各种算法可借鉴于输气管网的布局优化[128]。李宏伟等于 2000 年针对海底管网布局优化问题开展了专项研究，基于最小生成树算法生成连接各站的最短路径，应用加权中心法确定出总站位置，以获得最佳布局方案[129]。彭继军等于 2002 年针对燃气管网环路矩阵及对应的关联矩阵的计算机生成算法进行分析，提出了一种生成关联矩阵的新算法以及缩短准备原始数据所需时间的易于操作的组合方法，以促进管网布局优化的推广应用[130]。刘杨等于 2003 年基于拉格朗日松弛法和遗传算法的混合遗传算法，对集输管网的布局优化问题进行了研究[131]。李世武等于 2003 年提出综合考虑布局和参数同步优化的热水管网优化研究，建立了经济性和技术性同时优化的综合评价方法[132]。安金钰于 2012 年针对管径和布局同步优化问题，运用 GA 算法对求解步骤进行了设计，提出了新的求解思路[133]。段常贵等于 2004 年总结了城市燃气管网在遗传算法、MCST-CD 和 Steiner 算法中的国内外最新研究成果[134]。王恒于 2005 年从供气可靠性即最大熵原理对城市燃气环网进行了布局优化研究[135]。李乐成等于 2005 年应用 Visual C++6.0 针对节点关联矩阵和环路矩阵的自动生成进行算法设计，解决了其中涉及的线捕捉和点捕捉两个难题[136]。聂延哲等于 2005 年利用 Hopfield 神经网络针对输气管网优化问题建立了布局优化模型的目标函数和约束条件，其提出的函数模型解决了单环管网布局优化问题[137]。杨伟伟等于 2006 年基于 Visual LISP 语言对 AutoCAD 进行二次开发，通过管段和节点自动编号，生成了表征管网拓扑结构关系的矩阵[138]。丁国玉等于 2008 年基于 AutoCAD 二次开发，利用了 VC++6.0 自动获取管网数据，以实现管网拓扑结构的自动生成[139]。杨建军等于 2009 年利用改进的混合遗传模拟退火算法针对枝状管网进行了布局优化研究[140]。赵峰于 2012 年基于前人的研究成果，利用最大熵的概率，提出了考虑管网供气可靠性的布局优化数模[141]。李瀛龙提出天然气管网脆弱性、连接鲁棒性和恢复鲁棒性的定义，并建立了管网脆弱性模型，从布局的连通方面来分析提高管网的冗余度和水力可靠度的思路，但并未从经济成本方面加以限制[142]。刘储朝等利用遗传算法和 Floyd 法，基于提出的穿过浓度范围区的线缆长度是未穿过的 3 倍等价长度边权，实现了安全性、经济性和优化布局的同时优化[143]。马亮基于指数分布计算的管道寿命，分析了管网各种布局图的管网连通可靠度。此文的布局仅仅考虑连通可靠度指标满足的管网布局，对比讨论各种布局的连通可靠度数值，并未对定量风险损失进行分析[144]。刘海燕针对南极科考站的布局，以 15 个影响因素为选址评价指标，基于层次分析法运用模糊集确定指标的权重，最终对比分析已建站与此文理论模型所得结果，通过正确率验证了其实用性[145]。卢芳构建的优化模型以各路径上的服务需求量作为优化目标，并建立了选址定容模型，通过案例分析对其进行了验证分析[146]。王浩针对总成本之和建立了总加权距离最小的优化模型，应用遗传算法对实际案例进行了求解，并与实际规范规定的建站依据进行了对比，以验证优化模型和算法所得优化布局的可行性。其中优化模型和算法实现了成本和路径两者同时优化，但模型中并未包括管径等优化参数，所以在算法设计时较为容易[147]。

1.2.4　国内外研究现状总结

综上，已有基本理论可概括为：常规优化虽然包括很多优化模型和算法，但均未涉及在布局规划阶段最小化风险损失的布局优化研究；风险评价分析的各种风险评价方法体系的研究均是针对已建管网进行风险评价，并未出现针对拟建管网在布局规划阶段进行风险评价的相关理论；预测方法分析中的各种预测模型和算法也均是基于已建工程；土壤腐蚀风险分析均是针对土壤的腐蚀性进行预测分析，并未涉及管网的失效后果或风险损失；布局规划理论和布局优化方法中的理论均是以建设成本为目标的优化模型，并未涉及管网的风险损失。综上所述，“规划”与“运行”风险研究对象均是运行期风险损失，区别为：前者针对拟建管网，无法运用现有理论计算风险损失；后者基于已建管网，可利用风险评价理论计算出风险损失。以上 6 方面研究领域均存在一个亟待解决的难题，即在布局规划阶段最小化运行期风险损失。本书旨在于解决此问题，但基于现有的相关理论体系存在以下难点：

① 目前的理论体系仅是在布局或管径等管网参数已定的前提下进行相应风险损失计算，上述研究的计算步骤与布局确定步骤存在先后顺序，即均需完成布局优化后进行参数优化或风险损失分析。基于此，在布局规划阶段对运行期风险损失进行预测难以实现。

② 目前提出的新方法包括新模型或新算法，验证其正确性或可行性的方法通常是与针对同一问题的传统模型、算法或实测数据进行对比分析。然而，本书针对的问题目前并未提出过解决方法，以致不存在风损最小的布局方案和实际风险损失数据。基于此，对本书提出的新方法的验证环节，无法运用常规的简单对比分析予以实现。

为了解决此问题的两个难点，本书的主要研究内容即为建立基于风险损失最小化的布局优化方法与对应的验证方法。应用同步优化布局新方法，可以实现在规划阶段最小化风险损失成本的目的，并且与后期基于常规布局优化的管网建设运行进行对比分析，便于决策者更好地权衡风险成本和建设运行成本之间的利弊，提出更具针对性且经济效益最优的布局方案，同时也为能源应用等领域提供了在建设前期的规划阶段研究运行期风险损失的理论支撑。

1.3 本书的主要内容

预埋天然气管道风险损失超前预测主要包括失效概率和失效后果经济损失两方面，其置前评价思想的社会经济效益已被业内专家认可，但其实现方法却未见提及。本书针对管道规划阶段风险评价的需求和挑战，综合材料腐蚀、流体力学、深度学习等多学科理论与技术，发展了泄漏后果超前模糊预测模型，为天然气管网置前风险评价提供新思路。本书的研究内容主要包括以下5方面：

(1) 天然气管网失效概率超前预测模型

基于故障树分析理论和神经网络，通过详细分析失效因素与失效概率的关系，结合自变量组合优化及试算建立失效概率BP和RBF神经网络预测模型并对其进行修正。应用实例对两种神经网络预测模型结果进行对比分析，确定出误差最小的失效概率定量预测模型，并利用故障树分析所得的失效概率对预测结果进行误差验证。

(2) 天然气管网失效后果模糊模型及针对性超前预测方法

基于失效后果经济损失等级划分与土壤腐蚀等级分区理论，通过反复试验发现两者之间的内在对应关系，以此建立失效后果模糊计算模型。运用统计分析技术对土壤成分与失效后果进行相关性分析，结合失效后果模糊计算模型确定自变量和因变量，以便利用拟合、回归和神经网络三种预测方法分别建立失效后果模糊预测模型，并通过结果对比确定神经网络预测方法的适用性和优越性。分别计算出基于熵权法综合评价与FPF和FMF共同确定的两种土壤腐蚀等级，通过对比分析选定最佳的失效后果模糊计算预测模型，同时验证FMF的可行性。依据风险损失成本的定义，结合已选定的失效后果模糊计算和 FPM，建立风险损失成本模糊预测模型。另外，针对模糊预测模型的误差分析，提出针对性超前预测模型，并通过分析核心步骤和关键技术进行可行性分析。

(3) 布局优化应用方法

基于城市天然气管网布局优化的特性，枝状管网和环状管网的特点，图论中生成树算法与智能算法中 ACO 和 GA 的相应优势，以及枝网和环网对应的布局优化模型与算法设计，结合已确定的风险损失成本模糊计算预测模型，建立能在布局规划阶段实现最小化风险损失的布局优化方法。

(4) 风险损失最小优化布局的验证方法

依据传统验证方法的理论基础，运用天然气管网常规参数优化数模及编制的求解算法，提出针对新问题的新布局优化方法理论的验证方法。针对一中压环状管网实例，应用传统风险损失计算方法，分析两种优化布局的参数优化结果和 TRC，并通过对比分析两种布局的三个费用，证明此优化布局方法的正确性。

(5) 布局优化方法完整步骤的实例演示

利用一中压枝状管网实例，对布局优化方法涉及的核心技术进行演示。包括如下关键步骤：风险损失模糊预测、优化布局求解、参数优化求解和传统风险损失计算。

第2章

天然气管网失效概率超前预测

30 年前管道失效诊断与评价技术方面的研究开始出现，现今许多管道公司已拥有独立的因地制宜的风险评价方法，存在不同层面的各种研究方法，大致可分为三类：定性失效评价、半定量失效分析和定量失效评价。

本章依据失效概率理论体系与城市燃气管网失效因素分析，建立了可在规划阶段预测出失效概率值，且较传统故障树分析（FTA）计算方法更加简便高效的天然气管网失效概率预测模型。

2.1 失效概率计算

2.1.1 失效因素的专家评价

本书选用基于模糊数学的分析方法，通过当前并不完善的管网失效数据，结合多个实际经验丰富的燃气设计专家主观估计的事件概率得到的数据是后续进行管道风险评价的重要基础数据。

基本事件的不确定性决定了专家判断的主观概率具有不确定性，因此专家给出结论通常可认为是非精确的模糊判断。通常专家运用自然语言确定出可代表专家的经验知识和信任度基本底事件发生的可能性。故障树分析通常使用小、较小、中等、较大和大来度量基本事件发生的可能性，同时运用模糊数学对专家的自然语言进行模糊化转换，如图 2.1 用梯形和三角形分布隶属度函数表示出了专家自然语言及对应的模糊数隶属度。概率计算的具体步骤如下：

（1）专家权重值的确定

构成专家组的成员一般是该城市燃气管网项目有关的公司员工、副教授、助理工程

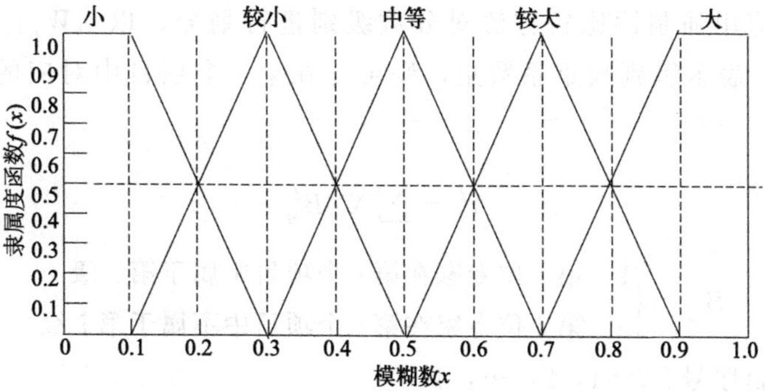

图 2.1　专家判断自然语言梯形、三角形模糊数

师、高级工程师、技术员和工程师等，所对应的专业工龄、学历、年龄和职称对权重值的精确度均具有较大影响。本书依据专家组成员所属层次赋予相应的权重，如表 2.1 所示。

表 2.1　专家构成及权重确定因素

确定因素		确定子因素	
项目	权重 W_i	级别	权重 X_{ij}
职称	4	高级工程师	6
		工程师	5
		副教授	4
		助理工程师	3
		技术员	2
		工人	1
本专业工龄	3	30 年以上	5
		20～30 年	4
		10～20 年	3
		5～10 年	2
		5 年以下	1
学历	2	博士生	6
		研究生	5
		大学本科	4
		大学专科	3
		中专	2
		中专以下	1
年龄	1	50 岁以上	4
		40～50 岁	3
		30～40 岁	2
		30 岁以下	1

确定权重的同时需根据专家的自然情况确定出 4 项因素，每项因素对应 4～6 个分数级别。应用强制性比较方法对分数级别进行划分，以 $\{W_i\}$ 表示项目权重系数集，$\{X_{ij}\}$ 表示级别权重系数集，则可得在第 i 个项目中对应的第 l 位专家的分值为

$$A_i^l = \sum_{j=1}^{6} X_{ij} B_{ij}^l \tag{2.1}$$

$$B_{ij}^l = \begin{cases} 1 & \text{第 } l \text{ 位专家在第 } i \text{ 个项目中属于第 } j \text{ 级} \\ 0 & \text{第 } l \text{ 位专家在第 } i \text{ 个项目中不属于第 } j \text{ 级} \end{cases}$$

式中　i——项目序号，$i=1，2，\cdots，4$；

j——级别序号，$j=1，2，\cdots，6$；

l——专家序号，$l=1，2，\cdots，n$（n 为进行专家调查判断的专家总数）。

第 l 位专家的意见，重要度分析可以用

$$r_l = \sum_{i=1}^{4} A_i^l W_i \tag{2.2}$$

令所有专家的意见重要度和为 1，则第 l 位专家的意见重要度归一化处理公式为

$$R_l = \frac{r_l}{\sum_{l=1}^{n} r_l} \tag{2.3}$$

(2) 调查表的设计

城市燃气管网故障树模型中各底事件的调查表设计，要求涉及的自然语言尽可能方便、实用、全面，能统计出各专家的职称、年龄、本专业工龄和学历等基本信息。本书设计采用的调查样表模板如表 2.2 所示。

表 2.2　关于城市燃气管网失效因素专家调查表　　城市________

专家基本信息	职称	高级工程师	工程师	副教授	助理工程师	技术员	工人	备注
	工龄	30 年以上	20～30 年	10～20 年	5～10 年	5 年以下		
	学历	博士生	研究生	大学本科	大学专科	中专	中专以下	
	年龄	50 岁以上	40～50 岁	30～40 岁	30 岁以下			
对底事件发生可能性判断	序号	底事件名称	底事件发生的可能性					备注
			大	较大	中等	较小	小	
	1	法规制定不健全						
	2	法规执行不严						
	3	对法规认识不够						
	4	管道公司与当地政府关系欠佳						
	5	管道公司与当地居民关系不和						

续表

	序号	底事件名称	底事件发生的可能性					备注
			大	较大	中等	较小	小	
对底事件发生可能性判断	6	管道公司与土地拥有者关系不和						
	7	缺乏固定可靠的报警方式						
	8	通信水平不高						
	9	报警处理不及时						
	10	巡线频率过低						
	…	…	…	…	…	…	…	…

填写说明：1. 进行可能性判断，请在您认为适合的对应的现实情况栏中划“√”；

2. 若您认为某底事件可表示为更具体的概率，请于备注栏注明；

3. 若基本信息描述中无对应选项，请于备注栏中注明。

（3）专家自然语言的模糊数转换

专家通过“大”“小”等自然语言确定出事件的发生概率，其中存在的不明确性表明此失效概率具有一定的模糊性，致使利用传统方法进行分析具有较大局限性，需使用图 2.1 中的三角模糊数和梯形模糊数对其进行转换。选用 α 割集对专家的语言进行转换分析，所需的隶属度函数如下：

模糊语言变量“小”所对应的模糊数表达式为

$$f_L(x)=\begin{cases}1.0 & 0<x\leqslant 0.1\\ \dfrac{0.3-x}{0.2} & 0.1<x\leqslant 0.3\\ 0 & \text{其他}\end{cases} \tag{2.4}$$

模糊语言变量“较小”所对应的模糊数表达式为

$$f_{FL}(x)=\begin{cases}\dfrac{x-0.1}{0.2} & 0.1<x\leqslant 0.3\\ \dfrac{0.5-x}{0.2} & 0.3<x\leqslant 0.5\\ 0 & \text{其他}\end{cases} \tag{2.5}$$

模糊语言变量“中等”所对应的模糊数表达式为

$$f_M(x)=\begin{cases}\dfrac{x-0.3}{0.2} & 0.3<x\leqslant 0.5\\ \dfrac{0.7-x}{0.2} & 0.5<x\leqslant 0.7\\ 0 & \text{其他}\end{cases} \tag{2.6}$$

模糊语言变量“较大”所对应的模糊数表达式为

$$f_{FB}(x)=\begin{cases}\dfrac{x-0.5}{0.2} & 0.5<x\leqslant 0.7\\ \dfrac{0.9-x}{0.2} & 0.7<x\leqslant 0.9\\ 0 & \text{其他}\end{cases} \tag{2.7}$$

模糊语言变量“大”所对应的模糊数表达式为

$$f_{\mathrm{B}}(x)=\begin{cases}\dfrac{x-0.7}{0.2} & 0.7<x\leqslant 0.9\\ 1 & 0.9<x\leqslant 1\\ 0 & 其他\end{cases} \tag{2.8}$$

式中，L、FL、M、FB 及 B 分别为对应的专家语言，依次表示小、较小、中等、较大和大。

α 割集分别为 $L_{\alpha}=[l_1,l_2]$，$FL_{\alpha}=[f_1,f_2]$，$M_{\alpha}=[m_1,m_2]$，$FB_{\alpha}=[v_1,v_2]$，$B_{\alpha}=[b_1,b_2]$。式中，l_1，l_2，f_1，f_2，m_1，m_2，v_1，v_2，b_1，b_2 分别为以上各式的 α 割集上、下限。对 $f_{\mathrm{L}}(x)$ 来说，令 $\alpha=(0.3-x)/0.2$，则 $l_2=0.3-0.2\alpha$，$l_1=0$。同理可得，$f_1=0.1+0.2\alpha$，$f_2=0.5-0.2\alpha$，$m_1=0.3+0.2\alpha$，$m_2=0.7-0.2\alpha$，$v_1=0.5+0.2\alpha$，$v_2=0.9-0.2\alpha$，$b_1=0.7+0.2\alpha$，$b_2=0$。最终可确定 α 割集下各专家判断的模糊数 W 是 $W_{\alpha}=[z_1,z_2]$ 及模糊数 W 的关系函数是 $f_{\mathrm{W}}(x)$。

(4) 模糊数可能性值的计算

通过下述左、右模糊排序法计算，将基于上述确定的专家判断语言的模糊数转化为模糊可能性值 FPS，以便确定出专家对某事件发生概率的信任度。最大和最小模糊集分别如下：

$$f_{\max}(x)=\begin{cases}x & 0<x<1\\ 0 & 其他\end{cases} \qquad f_{\min}(x)=\begin{cases}1-x & 0<x<1\\ 0 & 其他\end{cases} \tag{2.9}$$

则模糊数的左、右模糊可能性值可表示为

$$\mathrm{FPS_R}(w)=\sup_x[f_{\mathrm{W}}(x)\wedge f_{\min}(x)] \tag{2.10}$$

$$\mathrm{FPS_L}(w)=\sup_x[f_{\mathrm{W}}(x)\wedge f_{\max}(x)] \tag{2.11}$$

模糊数的模糊可能性值可表示为

$$\mathrm{FPS_T}(w)=\frac{FPS_{\mathrm{R}}(w)+1-FPS_{\mathrm{L}}(w)}{2} \tag{2.12}$$

(5) 模糊失效概率（FFR）的计算

基于已计算出的 FPS 可对模糊失效概率 FFR 进行求解，计算式如下：

$$\mathrm{FFR}=\begin{cases}\dfrac{1}{10^k} & \mathrm{FPS}\neq 0\\ 0 & \mathrm{FPS}=0\end{cases} \tag{2.13}$$

$$k=2.301\times\left[\frac{1-\mathrm{FPS}}{\mathrm{FPS}}\right]^{1/3} \tag{2.14}$$

$$P_i=\mathrm{FPS}_i \tag{2.15}$$

利用指数评价中各因素的相对权重计算出的各基本事件 i 失效的模糊失效概率参考值 P_i，与根据历史数据和可靠性检测方法得到的客观底事件失效概率是相同的。对于故障树基本事件的发生概率，既可以利用客观概率确定，也可应用上述的模糊集理论与专家判断法相结合的计算方法确定。

2.1.2　失效故障树计算步骤

（1）失效故障树模型的建立

本书主要列举城市天然气管网失效故障树。对于和城市天然气管网存在巨大差异的长输天然气管网需详细分析两者异同，以正确构建城市天然气管网系统中涉及的各失效模式故障树。故障树分析流程如图 2.2 所示。

具体分析结果如表 2.3 所示，对应的失效故障树模型详见附录 A。

表 2.3　城市和长输燃气管网的区别

区别	长输输气管网	城市燃气管网
管道	单管，阀门较少，管径变化少，压力级别稳定	环(枝)状多管，阀门、三通及管径变化多，压力级别变化大
建设情况	一次性建成、缺陷较少、工程质量稳定、建设程序完备、监督到位	建设周期长、逐步进行，建设过程复杂、质量参差不齐、缺陷较多
环境	管道处于郊野，环境变化平滑，受杂散电流影响较小	环境变化突然且极为复杂，受杂散电流影响大
管理	管理体系完善，重心放在阴极保护上，出现问题处理或响应及时	管理薄弱，作业流程不够专业，重心放在巡线及查漏上，问题处理往往不及时
分段顺序	人口密度→土壤情况→防腐→管道年龄	管径→压力等级→管段年龄→管材→其他
建筑施工	管道远离建筑设施，周边工程项目较少，人口密度较小	处于闹市区或施工新区管道，人口密度大，施工建设项目较多
地段所属	管道附近地段归公司所有，极少被征用或占压	多位于市政道路旁，园林植被较多，施工器材、车辆占压多，交叉作业、多管同沟、挖掘严重
安全措施	阀门处于泵站内，紧急阀处于阀室，调压、计量等设备均处于站内	阀门暴露或处于阀井内较多，调压、计量等设备多位于小区，受保护力度较小
风险缓解	管道风险缓解主要依赖公司管理措施	管道风险缓解多依赖用户、施工单位的安全意识

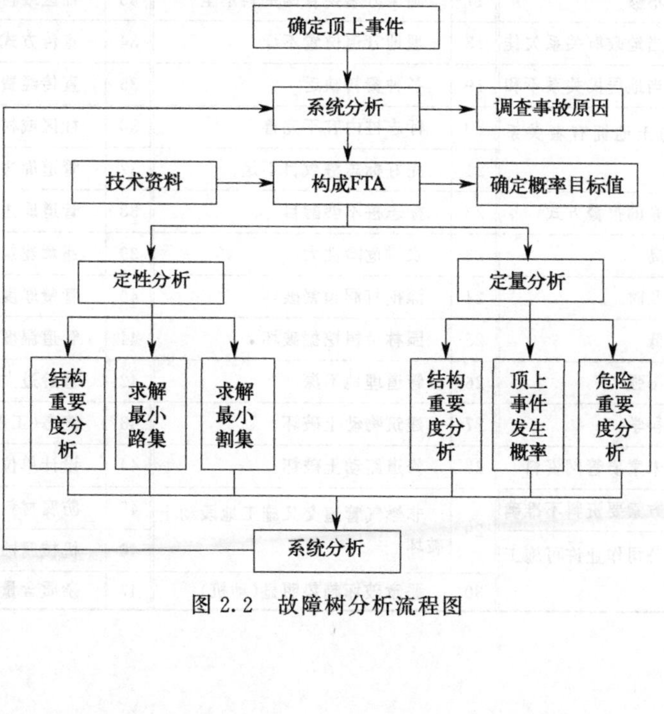

图 2.2　故障树分析流程图

(2) 顶事件失效概率的计算

FTA 定量分析运用基于布尔函数 BDD 算法开发的 Isogragh 软件，通过输入各管段所建的故障树模型，结合基本事件专家评价得分，可直接输出管段对应的失效概率值，以此作为后续预测模型建立的基础数据。

2.2 失效概率预测模型

上述 FTA 计算失效概率的传统计算步骤较为复杂，虽然可用软件计算，但每个故障树模型的输入还是很费时间，且此法需基于已建管网，因此本节提出了一种计算简便的失效概率预测模型（the failure probability prediction model，FPM）。其可以在规划阶段实现失效概率的预测，且不用对所建故障树模型进行繁琐操作。基于失效因素分析确定 RBF 预测模型的输入变量，结合神经网络基本理论和建模技术，建立失效概率的预测模型。本节中失效因素分析和神经网络模型的确定是建立 FPM 的核心步骤，共同决定预测模型的精确度。

2.2.1 RBF 神经网络输入变量的确定

基于上述城市天然气管网系统的特点与 2.1.2 节中建立的故障树模型，确定的基本事件如表 2.4 所示。故障树分析通常考虑 221 个基本事件，在实际评价和维护过程中，应根据管道实际情况和数据收集情况，对其进行适当的增加或删减。

表 2.4 基本事件及序号统计表

序号	基本事件	序号	基本事件	序号	基本事件
1	法规制定不健全	16	未在管道公司人员监督下施工破坏	31	恶意破坏的可能性高
2	法规执行不严			32	未设恶意破坏的防护措施
3	对法规认识不够	17	施工方索要管网资料不全	33	社区或村镇经济不发达
4	管道公司与当地政府关系欠佳	18	埋地管道位置不详	34	宣传方式不合理
5	管道公司与当地居民关系不和	19	各种资料缺乏	35	宣传经费不足
6	管道公司与土地拥有者关系不和	20	标志桩内容不完善	36	社区或村镇文明建设不高
		21	完好标志桩数目不足	37	管道周边地处偏僻
7	缺乏固定可靠的报警方式	22	标志桩不够醒目	38	管道周边治安状况不好
8	通信水平不高	23	农耕危险性大	39	违章建筑致管道失效
9	报警处理不及时	24	深挖打洞频繁破坏	40	管壁厚度选取不当
10	巡线频率过低	25	园林植树挖掘破坏	41	管道温度过高
11	巡线员能力不强	26	管道埋地不深	42	管龄过大
12	巡线方式不科学	27	建筑物动土破坏	43	流态(工况变化过大)
13	外单位施工未索要管网资料	28	修道路动土破坏	44	设计单位(员)资质低
14	外单位施工方索要资料不准确	29	非燃气管道交叉施工地段动土破坏	45	防腐材料与管材不合理
15	未获得管道公司作业许可施工破坏			46	机械腐蚀严重
		30	恶意破坏趋势明显(动机)	47	杂质含量超标

续表

序号	基本事件	序号	基本事件	序号	基本事件
48	运行压力及管径过大	83	存在其他埋地金属	120	未焊透部分过大
49	H_2O 含量超标	84	直流机车轨道干扰	121	渗碳现象严重
50	H_2S 含量超标	85	交流干扰	122	存在过热组织
51	CO_2 含量超标	86	保护电流未屏蔽	123	存在显微裂纹
52	Cl^- 含量超标	87	阴极保护电位不当	124	焊后检查清理不仔细
53	O_2 含量超标	88	阴极保护距离不足	125	焊接接口检测率低
54	腐蚀检测方法不当	89	阴极保护受到破坏	126	管道弯曲度过大
55	腐蚀检测频率过低	90	阴极保护稳定性差	127	管件缺陷未发现
56	探测头间距过大	91	阴极保护的通电率低	128	无任何施工检验记录
57	衬里脱落	92	阴极保护的效率低	129	实际管道壁厚低于设计壁厚
58	内涂层变薄	93	阴极保护系统设计不合理	130	无任何材料使用记录
59	缓蚀剂失效	94	架空管道大气湿度高	131	管段间错口大
60	清管效果差	95	大气中 SO_2 含量高	132	施工检测/验收不严
61	涂层黏结力低	96	管材等级(耐腐蚀性能)低	133	未设计安全防御系统
62	涂层脆性过大	97	管材运输中出现损伤	134	未设计安全措施
63	涂层老化剥离	98	管材制造厂资质不够	135	没有超压检测系统
64	防腐绝缘涂层过薄	99	探测头失效	136	没有任何安全装置
65	涂层发生破损	100	无防腐检测	137	设计验收未按照标准执行
66	涂层下部积水	101	水力试验的频率过低	138	无抗风能力设计
67	涂层修复质量差	102	无水力试验	139	未采取防震设计
68	施工监理不严	103	无挂片试验	140	未做地基沉降监测
69	原材料质量不合格	104	机械损伤	141	未设计抗洪能力
70	管道施工被刮坏	105	管材加工质量差	142	设计参考标准过期
71	深根植被破坏	106	管子制造监理不严格	143	设计方案未专人审查
72	土壤不稳定	107	管沟深度不够	144	穿越河流下未保护
73	管道处于含水层以下(含水率高)	108	边坡稳定性差	145	管段架空或跨越易受损
		109	回填土粒径粗大	146	无警示语
74	管道经过的土质不同	110	回填土含水率高	147	穿越公路未保护
75	土壤电阻率低	111	管沟排水性能差	148	穿越铁路未保护
76	土壤含微生物	112	回填土含腐蚀物	149	无保护栅栏
77	土壤氧化还原电位高	113	回填厚度不够	150	河床结构不稳定
78	土壤含硫化物	114	未敷设示踪线	151	交通繁忙致管道承压破坏
79	土壤 pH 值低	115	细粒敷设不足	152	航运频度大使管道失效
80	土壤湿度高	116	管道焊接方法不当	153	经常抛锚破坏管道
81	具有硫酸盐腐蚀现象	117	焊接材料不合格	154	河道周边工业活动繁杂破坏
82	与其他管线交叉(同沟)距离不够	118	表面预处理质量差	155	具有大量清淤疏浚破坏
		119	焊缝表面有气	156	存在应力集中

续表

序号	基本事件	序号	基本事件	序号	基本事件
157	存在残余应力	179	维护人员能力不强	201	过滤器连接泄漏
158	内应力较大	180	维护方法错误	202	附属设备泄漏
159	SCADA系统通信不畅	181	维护设备差	203	管线上阀门泄漏
160	数据采集不全面	182	维护文件不齐全	204	管线法兰连接不严实
161	传输信号响应迟缓	183	维护人员责任心不强	205	检漏装置故障
162	运营规程有误	184	无任何维护计划	206	轴封漏气
163	运营人员责任心不强	185	维护方式落后	207	放散管漏
164	缺少运营监督检查	186	管道过度疲劳使用	208	填料泄漏
165	岗位操作规程有误	187	无维护规程	209	管盖泄漏
166	操作人员基本知识掌握不够	188	无维护工作检查	210	管道接头泄漏
167	缺少应急演习	189	管路选择不合理	211	补偿器泄漏
168	无任何再培训计划	190	自然灾害防护措施不足	212	阀体泄漏
169	培训内容不全面	191	破坏性泥石流发生	213	无加臭装置
170	培训无考核	192	破坏性塌方发生	214	泄漏应急反应迟缓
171	无运行维护文件	193	破坏性滑坡发生	215	管道堵塞
172	无施工作业记录文件	194	破坏性地震发生	216	杂质堵塞
173	无设计文件	195	破坏性洪水或海啸发生	217	流量计堵塞
174	培训时无专业材料	196	灾难性风险发生	218	调压器堵塞
175	安全阀失灵	197	自然灾害预警及气象措施缺乏	219	过滤器堵塞
176	避雷针失灵	198	温度计连接泄漏	220	阀门堵塞
177	套管破坏	199	流量计连接泄漏	221	水堵
178	调压箱盖透水	200	调压器连接泄漏		

基于上述风险因素总表及专家经验，最终选出可在规划阶段确定的92个主要因素作为输入变量，如表2.5所示。

表2.5 选定的92个主要失效因素

序号	基本事件	序号	基本事件	序号	基本事件
1	法规制定不健全	11	土壤含硫化物	21	交通繁忙致管道承压破坏
2	法规执行不严	12	土壤pH值低	22	河道周边工业活动繁杂破坏
3	对法规认识不够	13	土壤湿度高	23	具有大量清淤疏浚破坏
4	管道公司与当地政府关系欠佳	14	具有硫酸盐腐蚀现象	24	深挖打洞频繁破坏
5	管道公司与当地居民关系不和	15	与其他管线交叉(同沟)距离不够	25	园林植树挖掘破坏
6	管道公司与土地拥有者关系不和	16	存在其他埋地金属	26	社区或村镇文明建设不高
7	缺乏固定可靠的报警方式	17	直流机车轨道干扰	27	管道周边地处偏僻
8	土壤电阻率低	18	交流干扰	28	管道周边治安状况不好
9	土壤含微生物	19	保护电流未屏蔽	29	违章建筑致管道失效
10	土壤氧化还原电位高	20	阴极保护距离不足	30	回填土粒径粗大

续表

序号	基本事件	序号	基本事件	序号	基本事件
31	回填土含水率高	52	破坏性洪水或海啸发生	73	架空管道大气湿度高
32	管沟排水性能差	53	灾难性风险发生	74	大气中 SO_2 含量高
33	回填土含腐蚀物	54	自然灾害预警及气象措施缺乏	75	管材等级(耐腐蚀性能)低
34	回填厚度不够	55	未设计安全防御系统	76	管材运输中出现损伤
35	设计单位(员)资质低	56	未设计安全措施	77	管材制造厂资质不够
36	防腐材料与管材不合理	57	没有超压检测系统	78	恶意破坏的可能性高
37	H_2O 含量超标	58	没有任何安全装置	79	未设恶意破坏的防护措施
38	H_2S 含量超标	59	设计验收未按照标准执行	80	社区或村镇经济不发达
39	CO_2 含量超标	60	无抗风能力设计	81	宣传方式不合理
40	Cl^- 含量超标	61	未采取防震设计	82	宣传经费不足
41	O_2 含量超标	62	未做地基沉降监测	83	管段架空或跨越易受损
42	回填土粒径粗大	63	未设计抗洪能力	84	无警示语
43	回填土含水率高	64	设计参考标准过期	85	穿越公路未保护
44	管沟排水性能差	65	设计方案未专人审查	86	穿越铁路未保护
45	回填土含腐蚀物	66	穿越河流下未保护	87	深根植被破坏
46	回填厚度不够	67	阴极保护电位不当	88	土壤不稳定
47	自然灾害防护措施不足	68	阴极保护受到破坏	89	管道处于含水层以下(含水率高)
48	破坏性泥石流发生	69	阴极保护稳定性差	90	管道经过的土质不同
49	破坏性塌方发生	70	阴极保护的通电率低	91	管路选择不合理
50	破坏性滑坡发生	71	阴极保护的效率低	92	恶意破坏趋势明显(动机)
51	破坏性地震发生	72	阴极保护系统设计不合理		

2.2.2 RBF 神经网络的建立

针对油气管道失效概率与上述选定的 92 个主要失效因素之间存在的非线性关系，本书选用高效适用的神经网络作为预测方法。神经网络的典型特点是针对多变量的模型预测时，无需对相关输入变量进行任何相关变换或假定，而是基于实际观测数据或其他用于训练验证的实际或理论数据，通过训练神经网络模型抽取和逼近输入、输出变量间隐含的非线性关系。天然气管网 FPM 的本质是建立一个包含 92 个输入变量（失效因素）和 1 个输出变量（失效概率）的非线性关系数学模型，因此本书选取 RBF 作为失效概率的预测方法。

(1) 输入输出层神经元设计

本书将选定的 92 个主要失效基本事件作为神经网络输入层的神经元参数向量，输出层神经元对应的是 FTA 计算的理论失效概率值。失效基本事件评价采用模糊数学法进行的概率计算，给出的评价等级如表 2.2 所示，包括“很小、较小、中等、较大、很大”自然语言变量表示的 5 个等级。由于进行 RBF 神经网络训练预测时，输入变量必须为（0，1）之间的某一具体数值，本节尝试将语言变量转换为数值变量，如表 2.6 所示。

表 2.6 语言变量与数值变量间的转换

语言变量	很小	较小	中等	较大	很大
数值变量	0.1	0.4	0.5	0.8	0.9

通过语言变量与数值变量间的对应转换，可确定出输入层神经元为 92 维数值向量，输出层神经元为 1 维数值向量。

（2）训练样本的选取

本书提出的训练验证样本来源于贵州省内总长为 68 千米的中压枝状管网。目前训练样本数目的选择并无通用方法，理论上，训练样本较少可能会使得神经网络的表达不够充分，以致神经网络预测的外推能力不足；训练样本过多又会使得神经网络输入变量出现冗余现象，既使得神经网络训练的负担有所增加，同时也会由于信息过量剩余致使神经网络出现过拟合现象。基于此，本书从管网包含的 60 条管段中随机选取 45 条管段，以此作为 RBF 神经网络的训练样本。

（3）神经网络参数设计与训练

RBF 神经网络是系统预测中广泛运用且技术成熟的一种神经网络模型，依据 RBF 神经网络设计原则，扩展速度的取值对网络性能的影响很大，具体讨论见 2.2.3 节。

基于 MATLABR2014a 的 RBF 神经网络训练曲线图，全局误差可达到设定的误差 0.01，所建立的 RBF 神经网络可以很好地快速达到收敛。

2.2.3 网络参数的选择

本节主要分析影响 RBF 神经网络的主要模型参数，包括径向基网络创建函数和扩展速度（spread）。本节选用的两个评价指标为相对误差和决定系数，计算公式分别如下：

$$E_i=\frac{|\hat{y}_i-y_i|}{y_i} \quad i=1,2,\cdots,n \tag{2.16}$$

$$R^2=\frac{\left(l\sum_{i=1}^{l}\hat{y}_i y_i-\sum_{i=1}^{l}\hat{y}_i\sum_{i=1}^{l}y_i\right)^2}{\left[l\sum_{i=1}^{l}\hat{y}_i{}^2-\left(\sum_{i=1}^{l}\hat{y}_i\right)^2\right]\left[l\sum_{i=1}^{l}y_i^2-\left(\sum_{i=1}^{l}y_i\right)^2\right]} \tag{2.17}$$

式中，$\hat{y}_i(i=1，2，\cdots，n)$表示第 i 个指标的预测值；$y_i(i=1，2，\cdots，n)$表示第 i 个指标的真实值；n 表示指标数量。

上式表明：相对误差 E_i 越小，神经网络模型的性能相对越好；决定系数 R^2 在［0，1］范围内越接近 1，神经网络模型的性能相对越好，反之越接近 0，则神经网络模型的性能相对越差。

（1）newrb 径向基网络创建函数与 spread 值

选取 newrb 为 newrb 径向基网络创建函数，将 spread 值设为 0.1、0.2、0.3、…、0.9，分别训练网络并进行预测，计算相对应的 R^2，结果如图 2.3 所示。

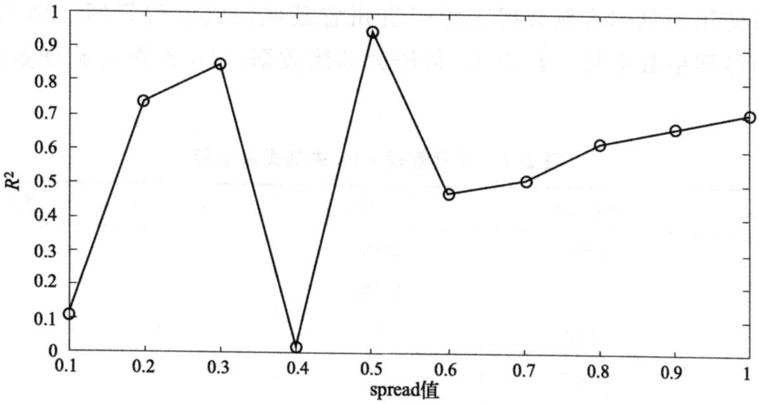

图 2.3　spread 值对 newrb 径向基网络性能的影响

（2）newrbe 严格径向基网络创建函数与 spread 值

选取 newrbe 为 newrb 径向基网络创建函数，同时将 spread 值设为 0.1、0.2、0.3、…、0.9，分别训练网络并进行预测，计算相对应的 R^2，结果如图 2.4 所示。

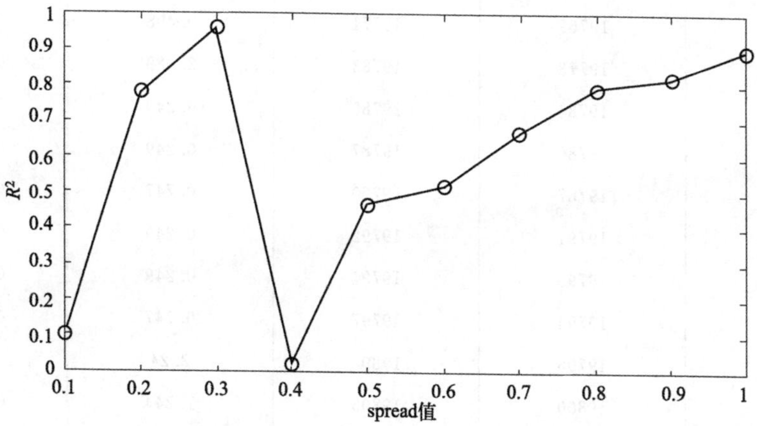

图 2.4　spead 值对 newrbe 径向基网络性能的影响

通常 spread 值越大，函数的拟合越平滑。然而，spread 值过大将导致产生过多神经元以满足函数快速变化的需求；反之，若 spread 值过小，则会导致产生过多神经元来满足函数缓慢变化的需要，从而致使 RBF 神经网络性能不好。图 2.3 和图 2.4 表明了不同 spread 值对 RBF 神经网络性能的影响。对于 newrb 函数，当 spread 值取 0.5 时，网络性能最好，对应的测试集决定系数为 0.9725；对于 newrbe 函数，当 spread 值取 0.3 时，网络性能最好，相应的测试集决定系数为 0.9827。

2.3 预测模型验证

基于故障树分析方法确定的失效概率，通过对比分析验证 RBF 预测模型的正确性。本节使用的具体实例数据来源于贵州省某城区天然气管网，随机选取 60 条管段作为神经网络数据集，其中 45 条作为训练数据，15 条作为验证数据。部分数据见表 2.7。

表 2.7 部分管段 FTA 失效概率数值

管段序号	起点桩号	终点桩号	管长/km	失效概率(FTA)
1	19693	19700	1.743	0.007728
2	19700	19706	1.493	0.006503
3	19700	19722	5.477	0.005941
4	19723	19727	0.995	0.006116
5	19727	19734	1.743	0.006035
6	19734	19736	0.498	0.007113
7	19736	19741	1.245	0.006116
8	19752	19755	0.747	0.006507
9	19754	19757	0.996	0.006273
10	19757	19768	2.739	0.007212
11	19769	19771	0.498	0.007183
12	19773	19783	2.489	0.006817
13	19784	19785	0.249	0.005655
14	19786	19787	0.249	0.005736
15	19787	19790	0.747	0.006119
16	19791	19792	0.249	0.005585
17	19793	19794	0.249	0.006897
18	19794	19797	0.747	0.006602
19	19796	19805	2.24	0.00617
20	19800	19805	1.244	0.006284
21	19805	19807	0.498	0.006565

应用上述已训练的 RBF 神经网络，对本节实例的验证数据进行预测，预测结果如图 2.5 和图 2.6 所示。对比故障树计算的失效概率值和 RBF 神经网络预测得到的失效概率值，误差范围在 3%以内，基本能较好反映管网的实际失效概率分布状况，对本书提出的布局优化结果造成的误差可忽略。

图 2.5 表明 RBF 神经网络的预测误差比 BP 神经网络小，最大预测误差小于 3%。对比 FTA 计算所得的失效概率和基于两种神经网络模型预测的失效概率可知，RBF 预测的失效概率更接近于 FTA 计算的失效概率，如图 2.6 所示。可见，神经网络可在规划阶段预测失效概率，且比传统 FTA 失效概率计算步骤更加高效，因此最终选定 RBF

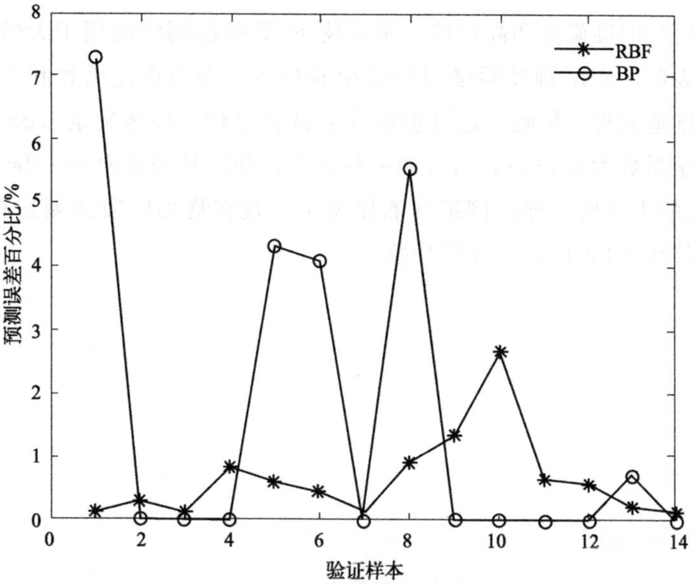

图 2.5　两种 FPM 的结果对比

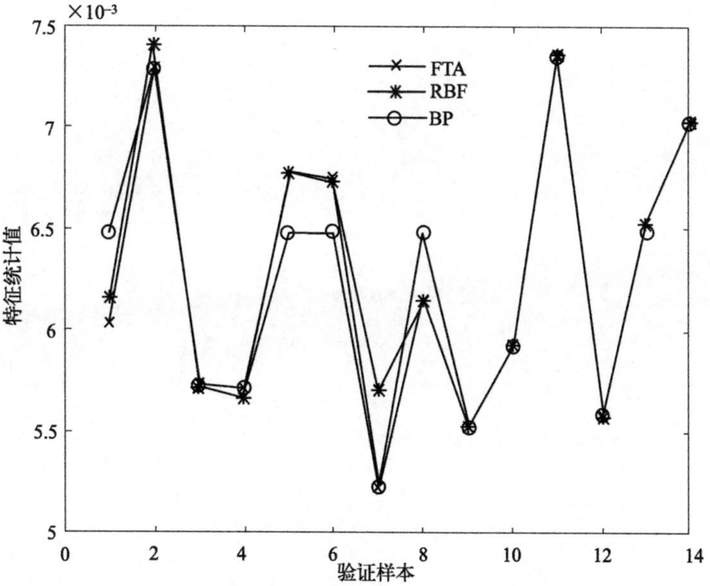

图 2.6　两种模型预测值与 FTA 结果对比

为失效概率神经网络预测模型（RBF-FPM）。

2.4　本章小结

本章结合 MATLAB 神经网络工具箱，确定最佳的输入变量组合，建立了基于 RBF 神经网络的天然气管网 RBF-FPM，并将预测模型应用到了选定的管网实例，通过 BP 和 RBF 两种神经网络预测模型所得结果与 FTA 的对比分析，确定误差最小的

FPM，结果表明预测结果与理论结果之间的误差不超过3%，从而验证了所建立的RBF神经网络预测模型的准确性和高效性。本章将RBF神经网络应用于天然气管网失效概率预测的尝试表明，RBF神经网络预测模型的径向基网络创建函数和扩展速度spread值会对预测精度造成极大影响。通过多次反复试算分析，最终确定RBF预测模型网络性能最好，决定系数为0.9827，对应的参数组合：径向基函数为newrbe和spread值为0.3。本章提出的失效概率神经网络预测模型可实现在规划阶段预测运行期失效概率，并极大简化了传统FTA的繁琐计算步骤。

第3章

天然气管网风险损失超前预测

利用上述建立的失效概率预测模型，结合本章提出的失效后果模糊计算模型，构建失效后果模糊预测模型，从而计算出风险损失模糊预测值。天然气管网的风险损失成本是指运行期管网风险的货币化经济总损失。目前的管网风险评价或风险分析均是对已建管网进行运行期风险值的计算，包括管道事故发生概率和风险后果两方面，没有针对规划期的管网进行运行期风险损失成本量化分析的研究。本章基于管道定量风险评价方法（quantitative risk assessment，QRA），提出了在规划阶段定量计算风险损失成本的模糊预测值。首先，基于已有的土壤腐蚀等级分区和失效后果经济损失分区理论，通过反复试验发现两者所具有的内在对应关系，进而确定失效后果模糊计算模型（fuzzy calculation model of failure consequence，FMF）。在此基础上，应用统计分析相关原理对选定的管道土壤环境与失效后果进行相关性分析，从而确定失效后果模糊预测模型（fuzzy prediction model of the failure consequence，FPF）的自变量优化组合方案，以便应用神经网络、逐步回归和非线性拟合模型建立失效后果模糊预测模型。其中，失效后果模糊计算预测模型的建立，必须先确定自变量和因变量两个关键参数。自变量的选取采用了统计分析中的相关分析和因子分析技术，基于所建立的失效后果模糊计算模型确定因变量的取值范围，通过三种不同的预测模型方法建立失效后果模糊预测模型，以确定失效后果的模糊预测值。

然后，利用建立的3种预测模型与失效后果模糊计算模型确定出土壤腐蚀等级，运用熵权法计算理论土壤腐蚀等级，对两者进行对比分析，从而验证失效后果模糊计算模型的可行性。最后，基于风险损失定义和计算公式，构建风险损失预测模型。

3.1 失效后果经济损失分析

运用失效后果经济损失的传统计算理论，结合基于熵权法的土壤腐蚀等级计算原理，通过反复试算发现失效后果理论和土壤腐蚀等级之间内在对应关系，从而建立失效后果模糊计算模型，以便确定后续模糊预测模型的因变量。

3.1.1 失效后果经济损失计算

Jo针对管道的泄漏后果，研究了高压天然气管道爆炸导致的伤亡半径的定量计算方法[148]。由于后果计算需考虑环境污染及人身伤亡造成的损失估算，各国各地区的差异较大，致使通用的算法极少。美国境内相关管理机构与研究组织于20世纪90年代初基于制定的风险评估规程与标准，对很多油气管道的日常维护工作开始使用风险管理技术。其中标准规程包括ASME B31.8S和API PR581等[149-151]。

依据国际规范城市燃气事故后果的定量分析指标体系包括直接、间接经济损失和直接、间接非经济损失，详细划分如图3.1所示。其中对应的损失分为“经济损失”和“非经济损失”，计算表达式如下：

$$\begin{aligned}\text{失效后果的总损失 } L &= \text{经济损失}+\text{非经济损失}\\ &= \text{直接经济损失 } A+\text{间接经济损失 } B+\\ &\quad\ \text{直接非经济损失 } C+\text{间接非经济损失 } D\end{aligned} \tag{3.1}$$

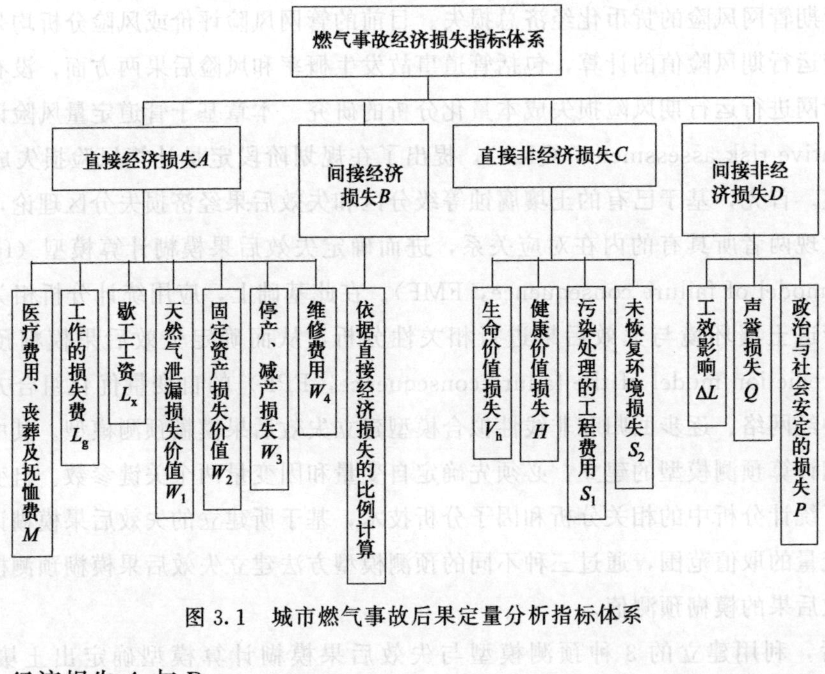

图3.1 城市燃气事故后果定量分析指标体系

(1) 经济损失 A 与 B

针对失效后果的直接经济损失与间接经济损失，结合城市燃气事故的大小划分标准，伤亡人数、环境被破坏程度和伤害程度的定量化计算即货币化损失如下：

$$E=E_d+E_i \tag{3.2}$$

式中，E 为总经济损失，万元；E_d 为直接经济损失，万元；E_i 为间接经济损失，万元。

由《企业职工伤亡事故经济损失统计标准》可知，事故导致的财产破坏、环境破坏、人身伤亡和善后处理的价值称为直接经济损失，而因事故造成的产值减少、资源破坏等损失为间接经济损失。

抚恤费、补助与救助费、人身伤亡中的医疗费用，丧葬费用、歇工工资费用、误工与工程损失费用，受损设备费与建筑损失费，停气损失及燃气价值固定资产损失及对应的流动资产损失费用，环境破坏费、治理环境污染的处理费用、污染导致的死亡索赔费用与善后费以及各种环保罚款等，均为城市燃气失效后果导致的直接经济损失费用的组成部分。

城市燃气事故中的间接经济损失包括：由质量和管理引起的燃气公司的声誉损失，人的生命与健康遭到威胁的损失费用，物种、环境及生态遭到潜在破坏的损失费用，对新事故员工培训的费用及对员工造成的精神损失费用以及导致社会及政治方面不安稳所造成的损失费用等。

① 工作中的损失费用（L_g）计算公式如下：

$$L_g=D\,\frac{P}{SD_0} \tag{3.3}$$

式中，P 为前一年对应的企业利税，万元；D 为造成的工作损失天数，日；D_0 为前一年企业所具有的法定工作日天数，日；S 为前一年企业的平均职工人数，人；L_g 为工作中的经济损失费用，万元/人。

② 医疗费、丧葬与抚恤费（M）。依据国家相关标准规定，实际开支估算与统计的计算公式为

$$M=\frac{M_b D_e}{P} \tag{3.4}$$

式中，M 为受伤害职工所花费的医疗费用，万元；M_b 为事故结案前所花费的医疗费用，万元；P 为事故发生日至结案日之间包含的天数，日；D_e 为医疗时间被延续耗费的天数，日。

针对事故造成多人受伤的情况，对花费的医疗费需进行累加计算。

③ 天然气泄漏造成的损失费用（W_1）。

$$W_1=GP \tag{3.5}$$

式中，G 为泄漏的天然气体积（标准状态），m^3；P 为天然气当时所定的单价，元/m^3。

④ 固定资产的损失费用（W_2）。

a. 报废的固定资产为固定资产净值与残值的差值，表达式如下：

$$W_2=\text{固定资产净值}-\text{残存价值} \tag{3.6}$$

b. 损坏的固定资产基于修复的费用进行计算，表达式如下：

$$W_2=\text{修复费用}\times\text{修复后设备功能是否受影响系数} \tag{3.7}$$

⑤ 歇工对应的工资（L_x）。事故中多名受伤职工需进行累加计算，对应的计算公式如下：

$$L_x = L_q(D_a + D_k) \tag{3.8}$$

式中，D_a 为事故结案前包含的歇工日，日；L_q 为受伤职工的日工资，元；D_k 为事故结案后受伤职工仍然继续歇工造成的延续歇工日，日；L_x 为受伤职工的歇工工资，元。

⑥ 维修费（W_4）。通常根据燃气行业的工资标准的工期内维修费计算公式如下：

$$W_4 = 维修人数 \times 时间 + 新增设备费 \tag{3.9}$$

⑦ 停产与减产造成的损失（W_3）。事故发生日起至恢复正常生产水平期间对应的损失估算值为

$$W_3 = 每日销售总额 \times 时间 \tag{3.10}$$

⑧ 燃气管道失效后果的直接经济损失可概括为

$$E_d = M + L_g + L_x + W_1 + W_2 + W_3 + W_4 + \cdots + W_n = \sum_{i=1}^{n} W_n + L_x + L_g + M \tag{3.11}$$

式中，W_n 表示针对具体事故出现的未考虑到的特殊的直接经济损失费用。

间接经济损失通常无法进行直接计算，需依据事故的严重程度进行估算。国外的研究学者根据直接经济损失和间接经济损失之间的比例估算间接经济损失，国内根据不同地区的实际情况，直接经济损失和间接经济损失所对应的比例差异相对较大。国外广泛采用的比例范围为 $E_d : E_i = 1:4$，国内通常规定的比例范围为 $E_d : E_i = 1:1.2 \sim 1:2$。

（2）直接非经济损失 C

① 人的生命和健康价值对应的损失费用。

a. 生命价值的近似计算公式如下：

$$V_h = \frac{D_H P_{V+M}}{ND} \tag{3.12}$$

式中，V_h 为生命价值，万元；P_{V+M} 为企业上年度的净产值、再生产劳动力所需的必要生活资料的价值及劳动者为社会创造的财富，万元；N 为企业上一年具有的职工平均人数；D_H 为规定平均工作日，通常规定为 40 年即 12000 日；D 为企业上一年度包含的法定工作日，通常规定为 250～300 日。

b. 针对健康影响通常运用工作能力的影响进行估算：

$$健康价值损失\ H = (1-K)dV \tag{3.13}$$

式中，d 为复工日至退休日所包含的劳动用工天数，通常采用复工后的可工作年数×300 计算；K 为健康身体的功能恢复系数，一般取小数；V 为考虑了劳动力工作日价值的工作日工资。

② 环境破坏损失。针对污染处理的费用与未恢复造成的环境损失费用。计算公式如下：

a. 处理污染造成的工程费用

$$S_1 = V_1 Q \tag{3.14}$$

式中，S_1 为治理环境污染所需的工程费用；V_1 为恢复或取代现有环境功能所产生的单位费用；Q 为污染、破坏或即将造成污染、破坏的某种环境介质与物种的总量，所采用的估算方法与环境要素根据污染破坏的具体过程确定。

b. 未恢复的环境损失费用

$$S_2 = V_2 W \tag{3.15}$$

式中，S_2 为损失的机会成本费用；V_2 为某资源所规定的单位机会成本；W 为某种资源被污染或破坏的数量，对应的估算方法依据环境要素与污染过程而定。

（3）间接非经济损失 D

① 工效的影响。事故给职工带来的工作压力及对职工工作效率的影响通常采用效率系数法进行简化计算。

功效影响损失 ΔL ＝影响时间（日）×工作效率（产值/日）×影响系数　（3.16）

式中，影响系数根据职工人数和影响程度而定，常表示为小数。一般情况下，根据企业在事故发生前后的平均增加价值的减少额对工效损失价值进行较为精确的计算。假设事故前后企业的工作效率分别为 $f_1(x)$ 和 $f_2(x)$，如图 3.2 所示，则工效损失价值即可通过阴影部分面积进行表示。其表达式如下：

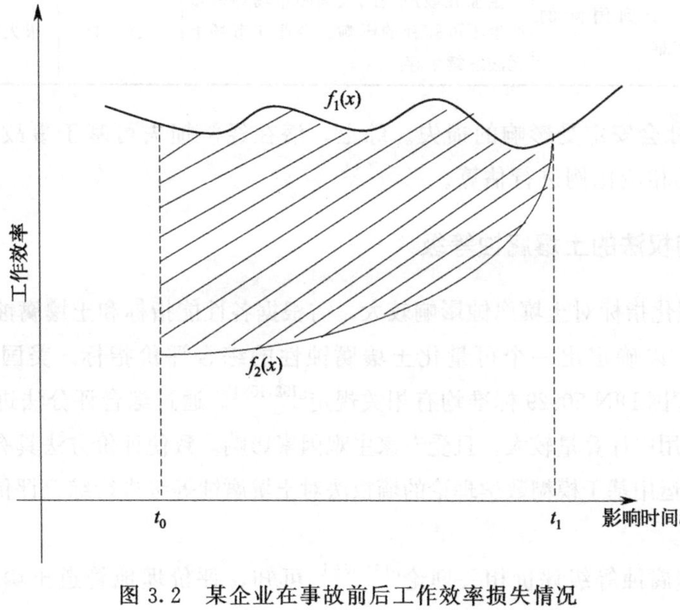

图 3.2　某企业在事故前后工作效率损失情况

$$\Delta L = \int_{t_0}^{t_1} [f_1(t) - f_2(t)]\,dt \tag{3.17}$$

式中，ΔL 为企业事故发生前后对应的工效损失值。

② 声誉损失。通常基于企业的燃气经营效益所对应的下降量，并采用如下系数法对声誉损失进行估算。

$$\text{声誉损失 } Q = \text{商誉评估值} \times \text{影响系数 } C_i \tag{3.18}$$

$$\text{影响系数 } C_i = F(Y_i, W_i, M_i, N_{10})$$

式中，Y_i 为事故的严重程度；W_i 为事故导致的影响范围；M_i 为事故产生后被媒体关注的程度；N_{10} 为企业10年内的事故发生频率。

某公司的声誉损失影响系数如表3.1所示。

表3.1　声誉损失的影响系数

严重程度	受媒体关注的程度	影响范围	发生事故的频率		
			很少	适中	频繁
无伤害	无新闻	无公众反应	无	无	无或很小
轻微伤害	可能有当地新闻	无公众反应	无	无或很小(0.05)	很小(0.05)
较小危害	当地/地区性新闻	受到当地公众的关注，引起一些指责，媒体报道和政治上重视，对作业者造成潜在影响	很小(0.05)	很小(0.05)	小(0.1)
大伤害	国内的新闻	区域公众关注，严重指责，国家级媒体大量反面报道和群众集会	小(0.1)	较小(0.15)	中(0.2)
一人死亡/全部失能伤残	较大国内新闻	国内公众持续不断地指责反映，国家级媒体大量反面报道以及群众集会	较小(0.15)	中(0.2)	大(0.3)
多人死亡	特大国内/国际新闻	引起国际/国内政策的关注，国际媒体大量反面报道，群众带来压力	中(0.2)	大(0.3)	很大(0.4)
大量死亡	受到国际的非难	企业在政府、社会、国际市场等领域产生不可弥补的影响。企业在市场上无法继续生存	大(0.3)	很大(0.4)	很大(0.4)

③ 政治和社会安定受影响的损失。综上，潜在经济损失可基于事故的总经济损失或非经济损失的相应比例进行估算。

3.1.2　基于熵权法的土壤腐蚀等级

由于土壤理化指标对土壤腐蚀影响较大，需根据各性能指标和土壤腐蚀性之间的关系进行加权处理，以确定出一个可量化土壤腐蚀性的综合评价指标。美国ANSI/AWWA C105/A21.5和德国DIN 50929标准均有相关规定[152,153]。通过综合评分法进行土壤腐蚀评价在实际工程应用中计算量较大，且受专家主观因素影响，致使评价方法具有很大的不实用性和不确定性。运用基于模糊数学理论的熵权法对土壤腐蚀等级进行综合评价，可使评价结果更加可靠准确。

由国内土壤腐蚀等级评价相关理论[154-156]可知，评价埋地管道土壤腐蚀性的评价等级如表3.2所示。

为了详细说明基于熵权法的土壤腐蚀等级计算步骤，选取某管道4个测点的土壤指标进行实测，结果如表3.3所示。表中 u_1、u_2、u_3、u_4 和 u_6 分别表示表3.2中的5个评价指标，D_1、D_2、D_3 和 D_4 分别为土壤的4个检测点。依据综合评判等级，并参考国内外学者采用的评判等级划分方法，将评判等级划分为4级，即 $V=(v_1,v_2,v_3,v_4)=(1,2,3,4)$=(好，较好，中等，差）分别代表管道所属土壤的腐蚀等级。

表 3.2　影响管道土壤腐蚀性的各因素评价等级划分

影响因素	土壤腐蚀性评价等级			
	1	2	3	4
土壤电阻率/Ω·m	>50	20～50	5～20	<5
氧化还原电位/mV	>400	200～400	100～200	100
土壤 pH 值	>9	5.5～9	4～5.5	<4
土壤含水质量分数/%	<3	3～7	7～12	>12
土壤含盐质量分数/%	<0.01	0.01～0.05	0.05～0.75	>0.75

表 3.3　管道土壤测点实测数据值

土壤实测点标识 x_{ij}	u_1	u_2	u_3	u_4	u_5	u_6
D_1	32	111	4.7	2.1	0.06	0.58
D_2	24	127	4.6	3.4	0.08	0.37
D_3	35	121	5.2	2.4	0.07	0.41
D_4	27	114	3.5	3.2	0.04	0.57

(1) 指标权重 W 值的计算

$$\max(x_{ij})_{1\leqslant j\leqslant n}=a_j \quad n=2,3,\cdots$$

$$\min(x_{ij})_{1\leqslant j\leqslant n}=b_j \quad n=2,3,\cdots$$

$$d_{ij}=\frac{x_{ij}-b_j}{a_j-b_j} \tag{3.19}$$

$$d_{ij}=\frac{a_j-x_{ij}}{a_j-b_j} \tag{3.20}$$

$$d_{ij}=d_{ij}+1 \tag{3.21}$$

式中，$i=1, 2, 3, \cdots, m$；$j=1, 2, 3, \cdots, n$。

$$e_{ij}=\frac{d_{ij}}{\sum_{1}^{m}d_{ij}} \tag{3.22}$$

$$H_j=-\frac{I}{\ln m}\sum_{i=1}^{m}e_{ij}\ln e_{ij} \tag{3.23}$$

$$H=\sum_{i=1}^{m}H_j \tag{3.24}$$

$$W_j=-\frac{I}{(n-H)}(I-H_j) \tag{3.25}$$

式中，$j=1, 2, \cdots, n$；H_j 为第 j 个指标熵值。

(2) 各个指标的评价向量构成的模糊矩阵 $\boldsymbol{R}$ 值的计算

利用建立的隶属函数，把各定量指标的具体检测值代入相应的隶属函数，可求得各定量指标的隶属度大小，从而得到相对于指标值的模糊矩阵。

$$\mu_{v1}(x)=\begin{cases}0 & x\leqslant x_5\\ \dfrac{1}{2}+\dfrac{1}{2}\sin\left|\dfrac{\pi}{x_6-x_5}(x-c)\right| & x_5<x\leqslant x_6\\ 1 & x>x_6\end{cases} \tag{3.26}$$

$$\mu_{v2}(x)=\begin{cases}0 & x\leqslant x_3\\ \dfrac{1}{2}+\dfrac{1}{2}\sin\left|\dfrac{\pi}{x_4-x_3}(x-b)\right| & x_3<x\leqslant x_4\\ 1 & x_4<x\leqslant x_5\\ \dfrac{1}{2}+\dfrac{1}{2}\sin\left|\dfrac{\pi}{x_6-x_5}(x-c)\right| & x_5<x\leqslant x_6\\ 0 & x>x_6\end{cases}\tag{3.27}$$

$$\mu_{v3}(x)=\begin{cases}0 & x\leqslant x_1\\ 1 & x_2<x\leqslant x_3\\ \dfrac{1}{2}-\dfrac{1}{2}\sin\left|\dfrac{\pi}{x_4-x_3}(x-b)\right| & x_3<x\leqslant x_4\\ 0 & x>x_4\end{cases}\tag{3.28}$$

$$\mu_{v4}(x)=\begin{cases}0 & x\leqslant x_1\\ \dfrac{1}{2}-\dfrac{1}{2}\sin\left|\dfrac{\pi}{x_2-x_1}(x-a)\right| & x_1<x\leqslant x_2\\ 1 & x>x_2\end{cases}\tag{3.29}$$

式中，a、b、c 表示指标分级端点对应数值；x_1、x_2、x_3、x_4、x_5、x_6 表示指标分级的端点值左右的选定值。

$$\boldsymbol{R}=\begin{bmatrix}\boldsymbol{u}_{11} & \boldsymbol{u}_{12} & \boldsymbol{u}_{13} & \boldsymbol{u}_{14}\\ \boldsymbol{u}_{21} & \boldsymbol{u}_{22} & \boldsymbol{u}_{23} & \boldsymbol{u}_{24}\\ \boldsymbol{u}_{31} & \boldsymbol{u}_{32} & \boldsymbol{u}_{33} & \boldsymbol{u}_{34}\\ \boldsymbol{u}_{41} & \boldsymbol{u}_{42} & \boldsymbol{u}_{43} & \boldsymbol{u}_{44}\end{bmatrix}\tag{3.30}$$

式中，$\boldsymbol{u}_{11}$、$\boldsymbol{u}_{12}$、$\boldsymbol{u}_{13}$、$\boldsymbol{u}_{14}$ 表示由第一个指标值得到的隶属度函数向量，其他分别表示其余指标值得到的隶属度函数向量。

(3) 综合结果的向量 $\boldsymbol{B}$ 的计算

$$\boldsymbol{B}=\boldsymbol{W}\boldsymbol{R}=\{W_1,W_2,W_3,W_4\}\times\begin{bmatrix}\boldsymbol{u}_{11} & \boldsymbol{u}_{12} & \boldsymbol{u}_{13} & \boldsymbol{u}_{14}\\ \boldsymbol{u}_{21} & \boldsymbol{u}_{22} & \boldsymbol{u}_{23} & \boldsymbol{u}_{24}\\ \boldsymbol{u}_{31} & \boldsymbol{u}_{32} & \boldsymbol{u}_{33} & \boldsymbol{u}_{34}\\ \boldsymbol{u}_{41} & \boldsymbol{u}_{42} & \boldsymbol{u}_{43} & \boldsymbol{u}_{44}\end{bmatrix}\tag{3.31}$$

式中，$\boldsymbol{B}=\{b_1, b_2, b_3, b_4\}$。

(4) 归一化处理

对上述结果进行归一化处理，计算公式如下：

$$j_i=\frac{b_i}{\sum\limits_{i}^{4} b_i}\tag{3.32}$$

3.1.3 失效后果经济损失模糊计算模型

本节依据建模基本理论，结合已有的失效后果经济损失计算方法及对应的等级划分标准，建立基于土壤腐蚀等级与失效后果经济损失分区对应关系的失效后果模糊计算模型。

(1) 建模理论

数学模型（mathematical model）作为数学理论和实际问题相结合的学科，虽然至今未形成统一准确的定义，但内涵如下：为一种特殊目的而建立的抽象简化结构，即为某种目的采用字母或数学符号建立起来的等式、不等式、图表、框图、图像和程序等，以描述客观事物特征的数学表达式，或是理解成为控制某现象发展而提供的某种意义下的最优策略或较好方案。建立数学模型的基本要求包括完整真实、简明实用且适应变化，基本原则为简化、可推导并具有反映性。数学模型的种类包括确定随机模型、静态模型和动态模型、连续时间模型和离散时间模型、参数模型与非参数模型、线性模型和非线性模型、白箱模型和灰或黑箱模型。另外，根据建模所用的数学方法，可分为初等模型、差分方程模型、优化模型和微分方程模型等。

建模步骤并无固定模式，通常其基本过程如图 3.3 所示。

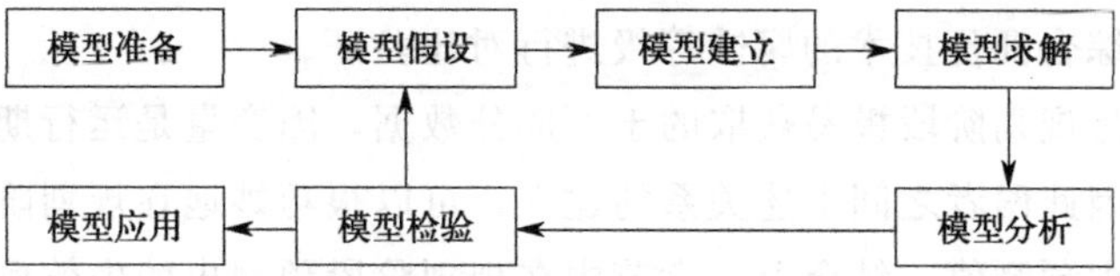

图 3.3　数学建模流程

(2) 模糊计算模型的建立

基于表 3.2 所示的影响管道土壤腐蚀性的各因素评价等级划分和表 3.4 所示的后果严重性等级标准[157]，通过反复试验发现两者之间内在的对应关系，以此建立如下失效后果模糊计算模型。

表 3.4　后果严重程度等级标准

等级数	损失金额/万元	影响程度等级
1	＜1.6	很低
2	1.6～16	低
3	16～160	中等
4	160～1600	高
5	＞1600	很高

$$E=f(S)=\begin{cases}1\sim16 & C=1\\16\sim160 & C=2\\16\sim160 & C=3\\160\sim1600 & C=4\end{cases}\tag{3.33}$$

式中，E 表示失效后果经济损失，10^3 元；C 表示腐蚀等级数，取 1，2，3，4；S 表示土壤成分。

此模型中的腐蚀等级参考国内外腐蚀领域专家学者对土壤腐蚀评价等级划分方法的研究，即分为 4 个等级；等级数越小，表示土壤腐蚀性越弱，对管道造成的风险损失也相对越小，反之亦然。模型中每个等级对应一个失效后果模糊经济损失的取值范围，此范围的经济损失取值参考国内外对失效后果经济损失的划分，具体土壤成分所对应的经济损失取值，以及对模型的求解与验证，将在建立分区模糊预测模型时进行详细论述(详见 3.3 节)。经过反复拟合和神经网络预测实验发现：此模型只有在 4 个分区内单独建立预测模型时，才能使误差最大值在 20%～25%以内，获得较为理想的模糊预测结果，同时神经网络模糊预测模型的精度较拟合预测模型的精度高很多，且在第 1 等级分区的预测模型精度明显高于其他等级分区的预测模型精度。基于此结论，本书在进行布局优化方法计算时，对风险损失模糊预测值进行分区建模的计算过程为：先确定风险等级，再根据风险等级数选取对应分区内的风险损失模糊预测模型。此模型中土壤成分指标需根据具体情况进行确定，确定原则为使失效后果模糊预测模型的误差尽可能小，具体步骤包括土壤成分与失效后果相关性分析和自变量组合试算优化（详见 3.2 节）。另外，此模型中的验证步骤为：首先采用失效后果模糊计算预测模型预测出失效后果模糊经济损失值，然后结合此模型中的一一对应关系将其转换为腐蚀等级，最后对此等级指标与基于熵权法综合评价技术的腐蚀等级进行对比验证。

由于自变量是规划阶段极易获取的土壤成分数据，因变量是运行期间管网的失效后果经济损失值，因此两者之间上述关系的建立，可以很巧妙地在规划阶段计算出运行期间的失效后果模糊预测值。结合上一章节中在规划阶段预测出的失效概率值，可实现在规划阶段对风险损失进行模糊预测。

注意“模糊”表示建立的失效后果模糊计算模型及其对应的模糊预测模型，均是为确定最终风险损失最小的优化布局构造出的一个定量的模糊中间值，取值不等于最终计算出的理论失效后果值和风险损失成本值。这是由于本书为了能简化分析步骤将造成管网失效的 5 大主要因素，包括其中的第三方破坏，进行了省略简化，从而导致所建的两种模糊预测模型仅能确定出对应的模糊预测值，但此思路能很好地解决在规划布局阶段设计出风损最小布局的难题。

3.2 管道失效的腐蚀因素分析

腐蚀风险是导致管道失效的主要因素之一，仅次于第三方破坏。通过土壤腐蚀成分与失效后果经济损失之间的相关性分析，结合土壤成分的易获取性与建立的失效后果模糊计算模型，确定将土壤成分作为失效后果经济损失模糊预测模型的自变量。利用统计学中相关性分析、因子分析技术和自变量设计原则确定出预测模型可能的自变量组合。

3.2.1 土壤腐蚀成分与失效后果相关性分析

基于上述影响管道腐蚀的主要土壤成分分析和提出的失效后果经济损失模糊计算模型，选取 5 项土壤成分指标［电阻率（Ω·m）、氧化还原电位（mV）、pH 值、含水量（%）和含盐量（%）］作为主要土壤腐蚀影响因素，并对失效后果经济损失进行相关性分析，以便后续开展自变量组合优化分析。用于相关性分析的部分土壤成分和失效后果数据见表 3.5。

表 3.5　部分土壤成分与失效后果数据

电阻率/Ω·m	氧化还原电位/mV	pH 值	含水量/%	含盐量/%	单位管长失效后果/万元
3.29425	85.94833	3.76423	14.73404	0.78845	1929.66
0.59591	71.31831	2.64626	20.88738	0.99045	1687.293
0.6461	57.50103	0.85959	14.00707	0.96906	1639.857
0.38984	74.11379	3.65436	24.66611	0.87216	1847.802
3.6762	75.36707	1.52079	18.53461	0.85177	1641.526
2.78075	55.50881	0.13993	23.58831	0.78164	1919.625
4.17186	80.09123	0.90938	21.44438	0.98136	1961.17
0.53062	67.0346	3.62755	18.46334	0.7514	1725.005
1.28281	53.51075	3.47595	19.89379	0.7966	1712.636
0.27062	68.59261	2.32987	16.54075	0.83102	1602.713
3.28277	95.51838	2.24315	18.84079	0.76255	1798.349
1.38718	62.77523	0.00435	22.3599	0.78613	1995.393
3.54565	81.9132	0.50745	15.55779	0.93234	1895.176
0.65148	18.89653	0.85856	15.80489	0.87057	1724.288
2.61999	75.14754	3.30728	16.52597	0.83452	1840.163
0.22945	22.15805	1.55046	23.38765	0.80919	1912.672
0.50653	41.64498	1.2723	13.21315	0.86272	1644.613
2.34468	79.08736	1.04711	14.68685	0.79636	1831.732
3.55323	39.99619	1.1861	15.93587	0.83106	1948.148
3.00673	4.51092	1.71271	16.56979	0.81599	1875.911
1.02458	20.10453	0.76963	21.44772	0.95752	1697.188
3.09393	4.28628	2.26991	23.52223	0.92409	1737.089
3.49575	63.91632	2.63066	12.67504	0.83338	1818.176
1.57414	25.17586	2.74232	13.02127	0.89506	1627.029
4.02394	41.98839	1.41496	12.18832	0.82196	1764.179
0.89011	17.18362	3.82716	14.51342	0.81599	1695.005
1.20653	88.44559	0.97495	12.34176	0.81498	1795.589
2.97365	34.10141	2.99309	18.09396	0.91927	1922.427
4.34116	20.51236	1.56091	15.16397	0.87996	1751.139
4.09334	79.53869	3.37903	23.95892	0.76919	1807.191
2.95042	2.447	1.48794	21.30584	0.76396	1637.839
0.01144	3.97795	2.83042	18.35239	0.81468	1963.638
4.72266	52.98186	1.38262	13.01497	0.85998	1683.052
3.96238	93.3367	3.50863	18.89086	0.82107	1752.826
1.99664	60.22146	3.00211	20.65865	0.91969	1864.112

分别对选定的 5 个土壤成分与失效后果做相关性分析，结果如表 3.6 所示。

表 3.6 皮尔逊（Pearson）相关系数

项目		电阻率	氧化还原电位	pH 值	含水量	含盐量	单位管长失效后果
电阻率	皮尔逊相关性	1	0.917**	0.889**	−0.818**	−0.769**	−0.782**
	显著性(双尾)		0.000	0.000	0.000	0.000	0.000
	个案数	200	200	200	200	200	200
氧化还原电位	皮尔逊相关性	0.917**	1	0.933**	−0.886**	−0.863**	−0.862**
	显著性(双尾)	0.000		0.000	0.000	0.000	0.000
	个案数	200	200	200	200	200	200
pH 值	皮尔逊相关性	0.889**	0.933**	1	−0.868**	−0.831**	−0.837**
	显著性(双尾)	0.000	0.000		0.000	0.000	0.000
	个案数	200	200	200	200	200	200
含水量	皮尔逊相关性	−0.818**	−0.886**	−0.868**	1	0.893**	0.893**
	显著性(双尾)	0.000	0.000	0.000		0.000	0.000
	个案数	200	200	200	200	200	200
含盐量	皮尔逊相关性	−0.769**	−0.863**	−0.831**	0.893**	1	0.906**
	显著性(双尾)	0.000	0.000	0.000	0.000		0.000
	个案数	200	200	200	200	200	200
单位管长失效后果	皮尔逊相关性	−0.782**	−0.862**	−0.837**	0.893**	0.906**	1
	显著性(双尾)	0.000	0.000	0.000	0.000	0.000	
	个案数	200	200	200	200	200	200

注：**表示在 0.01 级别（双尾），相关性显著。

由表 3.6 可知，单位管长失效后果与电阻率、氧化还原电位、pH 值、含水量和含盐量之间的相关系数分别为−0.782、−0.862、−0.837、0.893 和 0.906；这些数字右上角的两个星号表明，这些数据在 0.01 显著性水平下显著相关，若只带有一个星号则表示在 0.05 显著性水平下相关性显著。

3.2.2 自变量组合分析

针对自变量组合设计进行研究的相关文献较多。文献［158，159］中主成分和因子分析的异同解释很详尽。文献［160］对主成分分析和因子分析的区别解释很清楚，针对相关理论和自变量选取进行了详细论述。文献［161］利用粗糙集选出关键影响因子作为自变量，结合均方差和判定系数评价了预测模型的泛化能力，并与未改进的预测模型进行了对比验证。彭令等运用相似工程、工作特性曲线 ROC 和粗糙集等基本理论进行了自变量选取和模型设计，并将预测结果与实际数据和其他模型进行了误差对比分析[161-163]。文献［164］中详细分析了各影响因素对生活污水排放量的单独影响，以确定最佳自变量。文献［165］利用多元线性回归分析中提到的交叉验证相关系数和变异膨胀因子评价变量之间的相关性以及模型的稳健性和预测能力，结合 Kubinyi 函数（FIT）筛选了最佳变量组合；值越大，所建模型越稳定，预测能力越强。文献［166］

利用SPSS针对自变量选取进行了指标降维和综合得分排序。文献［167］应用SPSS对自变量所包含的指标进行了有效剔除。文献［168］应用主成分和聚类方法对自变量组合优化进行了分析确定。文献［169］利用了相关分析选出主要自变量2个，并拟合建立了线性定量模糊预测模型。文献［170］应用遗传算法进行了自变量选取，并利用向量机建立了预测模型。

本节介绍的自变量组合优化分析具有随机性和经验性，主要包括土壤成分数量选择和土壤成分组合选择，建模和预测的非唯一性决定了自变量数量及其组合没有固定准则。自变量数量的确定主要取决于其对应的贡献率，如果前 k 个自变量参数的累计贡献率超过或接近75，则这 k 个关键参数作为选取自变量即可满足要求。通常为了运算简便快捷，建模的关键参数不宜多于5个，依据所需建立模型的复杂程度选取3个或4个自变量即可，过多自变量并不能提高建模成功率。另外，自变量的组合选择相比数量确定更为复杂，最简单的方法是选择组合贡献率最大的几个参数，可实践证明此方法并不能使所建模型最优，因而，自变量的组合优化设计一般采用试算的经验方法。

（1）拟合回归的自变量组合优化

基于上述相关性分析，针对回归和拟合分析，自变量有如下组合：4个土壤成分单独作为自变量的线性回归和非线性拟合以及54个土壤成分同时作为自变量的逐步回归。

基于上述组合中大于3个自变量的情况，即同时考虑4个成分的自变量组合，采用主成分分析对其进行降维处理，得出一新的主成分得分自变量组合。

（2）神经网络输入变量组合优化

针对神经网络预测模型的输入变量，组合优化主要体现在对其的分区上。依据土壤腐蚀等级中土壤成分指标的4个分区将自变量划分为4个分区，如表3.7所示。

表3.7　预测模型分区等级

0土壤成分	分区等级			
	4	3	2	1
电阻率/Ω·m	>50	20～50	5～20	<5
氧化还原电位/mV	>400	200～400	100～200	<100
pH值	>9	5.5～9	4～5.5	<4
含水量/%	<3	3～7	7～12	>12
含盐量/%	<0.01	0.01～0.05	0.05～0.75	>0.75

3.3　失效后果模糊预测模型

本节主要基于上述确定的自变量优化组合和失效后果模糊计算模型，运用数学建模理论基础，建立基于多种自变量组合的失效后果模糊预测模型，并应用两种对比验证方法选取误差最为理想的预测模型。文献［171］中采用已有数学基本理论进行了数学公式模型推导，并与实测结果进行了对比验证。文献［172］通过合理的实验设计，结合相关理论分析研究了油气损失量与温度、压力和体积的数学关系，并以此建立了相应的油气损失量预测公式模型。文献［173］基于实际气体的状态方程基础理论，通过实验获取大量测定数据，并应用单因素变量法原理确定了预测油气损失的数学模型；对预测数据和实验数据进行了对比分析，以验证其准确性。文献［169］通过对页岩气影响因素中主控因素的分析，利用回归分析确定了页岩气气量定量预测模型，并与实测值进行了对比分析得出合理的相对误差，以验证定量模型的可行性。文献［174］基于已有的两个常用计算模型基础理论，结合大量实验数据，利用回归分析提出了一种新的计算公式，通过常用两模型和新模型结果分别与实测结果进行的误差对比分析，验证了新模型所产生的误差最小，具有相对较高的准确性。文献［175］基于帕莱托分布规律，建立了对油气勘探区油气储量预测模型，并与4个油气勘探盆地的油气资源分布规模进行了对比验证。

依据3.1.3节中建立的失效后果模糊计算模型，在失效等级和经济损失分别对应的4个等级范围内随机生成40×5个数据作为本节模糊预测模型的基本数据来源。部分数据如表3.8所示。

表3.8 FMF的部分基本数据

x_1	x_2	x_3	x_4	x_5	y_1
0.320935	91.057	3.00208	16.40642	0.927782	1891.355
3.836648	80.05587	2.334133	14.73189	0.906143	1830.703
3.356011	74.58475	2.20717	18.63198	0.897652	1610.343
3.576063	81.31128	2.334282	23.78274	0.915109	1778.612
3.210304	38.33063	2.04728	20.17601	0.761889	1858.521
2.095241	61.72792	0.330371	13.31994	0.837196	1808.481
1.95381	57.54949	2.878281	17.08111	0.862835	1748.925
4.080701	53.00517	3.984624	12.71002	0.810226	1974.854
1.587139	27.50698	1.418137	18.51668	0.928761	1931.813
4.072699	24.8629	3.885035	17.61238	0.964046	1939.634
3.945368	45.16388	1.385795	24.96828	0.820377	1749.014
4.261319	22.77128	3.546175	22.55083	0.932763	1837.274
2.528183	80.44496	1.818779	18.31347	0.784441	1949.021
3.178307	98.61042	1.653709	23.62782	0.959181	1973.401
4.754472	2.999195	0.870928	13.78811	0.78465	1867.386
2.219821	53.56642	0.502618	17.07006	0.897052	1682.711
0.300094	8.707722	1.235658	24.05563	0.841539	1861.54
4.333749	80.20914	2.904418	23.92742	0.95169	1628.821
3.155944	98.91442	3.131488	21.27646	0.875945	1762.691
1.775368	6.694626	2.77515	20.03839	0.872399	1866.773
4.985016	93.93984	0.039209	16.46274	0.969262	1973.49
1.120857	1.817753	3.372853	24.16836	0.838285	1924.38
3.262255	68.38386	3.689328	13.62206	0.862361	1793.819

续表

x_1	x_2	x_3	x_4	x_5	y_1
3.024953	78.37365	3.083817	21.49761	0.990883	1902.7
1.936227	53.41376	0.170639	20.40421	0.760574	1766.819
0.710936	88.53595	1.512745	22.83098	0.99324	1988.714
0.125675	89.90049	2.817358	17.17767	0.797302	1995.19
2.105561	62.59376	2.918052	21.74769	0.91678	1945.659
0.920501	13.7869	0.897108	22.85787	0.89661	1755.554

3.3.1　拟合与回归分析

（1）拟合模型

① 散点图分析。在做拟合分析前必须对所需拟合的自变量和因变量关系进行散点图分析（详见附录 B)。通过单位管长失效后果与 5 个土壤成分指标的散点图分析，以确定是否可以进行拟合建模。由散点图分析可知，除第 5 个土壤成分含盐量指标不能进行拟合外，其余 4 项土壤成分指标均可进行较好的非线性拟合，且拟合结果较为理想。

② 非线性拟合。通过上述散点图分析可知，前 3 个土壤成分和主成分得分作为自变量的拟合分析可选相似函数形式，后两个土壤成分也可选相似函数形式进行拟合分析，不过并非完全相同。比如 a. 中除了 Bolizmann 外，其余两个函数并不适合 e. 的拟合分析。分别以单个土壤成分作为自变量，进行非线性拟合的具体分析过程如下，得出的拟合效果图详见附录 B。

a. 电阻率作为自变量的拟合分析。

可采用 3 种函数进行较为理想的拟合分析，即 ExpDec1、Bolizmann 和 Logistic。其对应的拟合函数分别为：$y=A_1\exp(-x/t_1)+y_0$，式中系数 y_0、A_1 和 t_1 分别为 −28.04769、2008.46255 和 15.25918，且 R^2 为 0.84501；$y=A_2+(A_1-A_2)/\{1+\exp[(x-x_0)/\mathrm{d}x]\}$，式中系数 A_1、A_2、x_0 和 dx 分别为 7573.10085、−9.5652、−13.44436 和 12.75201，且 R^2 为 0.8446；$y=A_2+(A_1-A_2)/[1+(x/x_0)^p]$，式中系数 A_1、A_2、x_0 和 p 分别为 1880.11945、−115.96103、11.57871 和 1.56638，且 R^2 为 0.84527。

b. 氧化还原电位作为自变量的拟合分析。

可采用同上的 3 种函数进行较为理想的拟合分析，拟合结果分别为：$y=A_1\exp(-x/t_1)+y_0$，式中系数 y_0、A_1 和 t_1 分别为 −370.76295、2568.90327 和 213.13981，且 R^2 为 0.81775；$y=A_2+(A_1-A_2)/\{1+\exp[(x-x_0)/\mathrm{d}x]\}$，式中系数 A_1、A_2、x_0 和 dx 分别为 2092.60159、5.7752、138.24798 和 55.41923，且 R^2 为 0.8443；$y=A_2+(A_1-A_2)/[1+(x/x_0)^p]$，式中系数 A_1、A_2、x_0 和 p 分别为 1865.05087、−77.46322、149.7001 和 2.89378，且 R^2 为 0.84791。

c. pH 值作为自变量的拟合分析。

可采用同上的 3 种函数进行较为理想的拟合分析，拟合结果分别为：$y=A_1\exp(-x/t_1)+y_0$，式中系数 y_0、A_1 和 t_1 分别为－517.51754、2892.82042 和 6.09088，且 R^2 为 0.78563；$y=A_2+(A_1-A_2)/\{1+\exp[(x-x_0)/dx]\}$，式中系数 A_1、A_2、x_0 和 dx 分别为 1852.82297、23.98046、4.57299 和 0.78088，且 R^2 为 0.86641；$y=A_2+(A_1-A_2)/[1+(x/x_0)^p]$，其中系数 A_1、A_2、x_0 和 p 分别为 1819.08693、3.20224、4.57781 和 6.02168，且 R^2 为 0.86783。

d. 含水量作为自变量的拟合分析。

采用两种函数进行较为理想的拟合分析，即 Bolzmann 和 Logistic，拟合结果分别为：$y=A_2+(A_1-A_2)/\{1+\exp[(x-x_0)/dx]\}$，式中系数 A_1、A_2、x_0 和 dx 分别为－57.38224、1870.54364、9.86427 和 2.39427，且 R^2 为 0.85195；$y=A_2+(A_1-A_2)/[1+(x/x_0)^p]$，式中系数 A_1、A_2、x_0 和 p 分别为 8.0564、1974.6818、10.11276 和 3.84226，且 R^2 为 0.85089。

e. 主成分总得分作为自变量的拟合分析。

可采用 Bolizmann、Poly4 和 Poly5 进行较为理想的拟合分析，拟合结果分别为：$y=A_2+(A_1-A_2)/\{1+\exp[(x-x_0)/dx]\}$，式中系数 A_1、A_2、x_0 和 dx 分别为 1995.85063、－35.83245、－0.49904 和 0.40819，且 R^2 为 0.8877；$y=A_0+A_1x+A_2x^2+A_3x^3+A_4x^4$，式中系数 A_0、A_1、A_2、A_3 和 A_4 分别为 444.61815、－911.97361、399.86108、138.8713 和－81.96061，且 R^2 为 0.88966；$y=A_0+A_1x+A_2x^2+A_3x^3+A_4x^4+A_5x^5$，式中系数 A_0、A_1、A_2、A_3、A_4 和 A_5 分别为 446.33204、－903.22652、390.64084、120.83839、－77.01184 和 7.02571，且 R^2 为 0.88911。

综上所述，通过选取的 5 种自变量对应的多种函数的拟合对比分析，可确定以主成分得分为自变量的拟合函数 $y=444.61815-911.97361x+399.86108x^2+138.8713x^3-81.96061x^4$ 效果最佳，对应的 R^2 为 0.88966。

(2) 逐步回归分析

“最优”回归方程的构造方法通常有前进法、后退法和逐步回归法，这些方法各有特点，现今并没有绝对最优的构造方法。为便于计算分析，本书采用逐步回归法构造最优回归方程。其基本思想为：将自变量分别单独引进，并对已选进的自变量进行单独逐一检验，当原引进自变量由于后一个引进自变量由显著转变为不显著，则将其剔除。引进或剔除自变量的每一步计算过程均需进行 F 检验，以确保每次引进的自变量均为显著性变量，这个过程反复进行直至每个变量均进行过 F 检验。对应的具体计算结果与详细步骤解释详见附录 C。

最终确定的回归模型为 $y=259.156+991.215x_1+36.331x_2-0.829x_3$，其对应的 R^2 为 0.864。

3.3.2 神经网络分区预测模型的设计与训练

通过反复试验发现每个区域对应的自变量与因变量间的内在规律无法用唯一的预测

模型确定，因此需对所分析管网进行分区预测建模。文献［176］利用分区进行了经济损失定量模型的建立与验证分析。两种因变量的取值对应下面两种数模：一种是以拟分析管网所属区域相近管网的历史风险损失值作为训练预测模型的因变量；二是以土壤腐蚀等级和失效后果经济损失等级两个等级分区为理论基础，建立两者的一一对应关系，从而通过土壤腐蚀等级确定风险损失，即建立基于腐蚀等级的风险损失值。风险损失值可分为两部分：历史风险损失因变量模型和等级风险损失因变量模型。鉴于目前国内对于历史风险损失数据缺乏统计整理，以致想要获得充分的历史风险损失数据极其困难，因此本书主要运用所提出的后一种因变量模型失效后果经济损失模型，通过神经网络的设计、训练以及后续的对比分析来验证 FMF 和 BP-FPF 这两个模型的正确性和可行性。

BP 神经网络是一种广泛用于系统预测的网络形式，对于一般的 BP 神经网络预测模型均设置单层或双层的隐层 BP 网络结构即可实现较理想的预测。本书提出的预测模型，经多次反复实验表明必须进行分区建模，才能使误差减小至 25%以内。依据失效后果模糊计算模型，经过反复试算分析，具体分区如表 3.9 所示。

表 3.9 BP 神经网络分区建模对照

0	第 1 区	第 2 区	第 3 区	第 4 区
x_1 最小值	0.0000	5.0000	20.0000	50.0000
x_1 最大值	5.0000	20.0000	50.0000	100.0000
x_2 最小值	0.0000	100.0000	200.0000	400.0000
x_2 最大值	100.0000	200.0000	400.0000	500.0000
x_3 最小值	0.0000	4.0000	5.5000	9.0000
x_3 最大值	4.0000	5.5000	9.0000	14.0000
x_4 最小值	12.0000	7.0000	3.0000	0.0000
x_4 最大值	25.0000	12.0000	7.0000	3.0000
x_5 最小值	0.7500	0.0500	0.0100	0.0000
x_5 最大值	1.0000	0.7500	0.0500	0.0100
x_6 最小值	0.55	0.35	0.15	0.00
x_6 最大值	1.00	0.55	0.35	0.15
y_1 最小值	1600.00	160.00	16.00	1.00
y_1 最大值	2000.00	1600.00	160.00	16.00

表 3.9 中 x_1、x_2、x_3、x_4 和 x_5 代表上述确定的管道腐蚀的 5 个因素，即电阻率（Ω·m)、氧化还原电位（mV)、pH 值、含水量（%）和含盐量（%）；y_1 表示的是失效后果的经济损失，即失效后果模糊计算模型中的因变量。

根据上述 BP 神经网络结构和学习算法相关理论，以及多次试算结果确定的 4 个分区 BP 神经网络结构参数为：隐含层共 2 层，其传递函数均为 tansig，输出层的传递函数为纯线性函数 purelin，中间层神经元设为 5，训练次数 1000 次，最小全局误差设为 0.01，不宜造成过度拟合。经过 MATLABR2014a 编程进行反复试算，最终确定的误差曲线结果如图 3.4～图 3.7 所示。可见 4 个 BP 神经网络模型均能快速达到收敛。

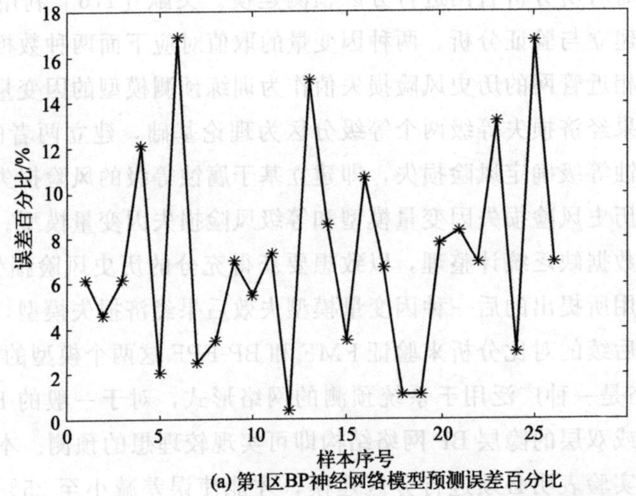

(a) 第1区BP神经网络模型预测误差百分比

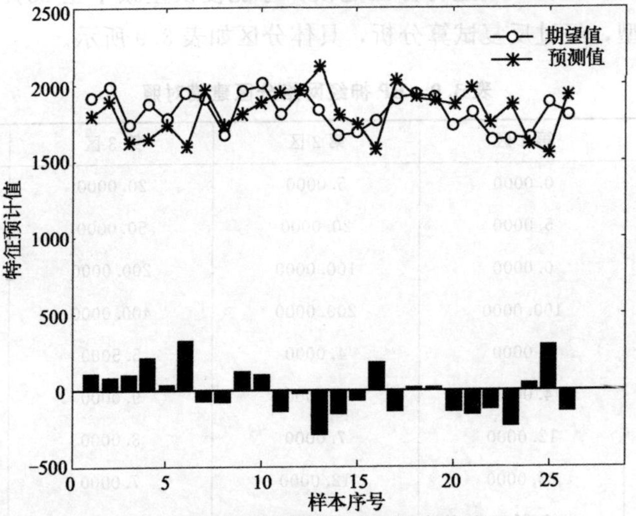

(b) 第1区预测值与期望值之间的对比

图 3.4　第 1 区 BP 神经网络模型预测误差百分比及预测值与期望值之间的对比

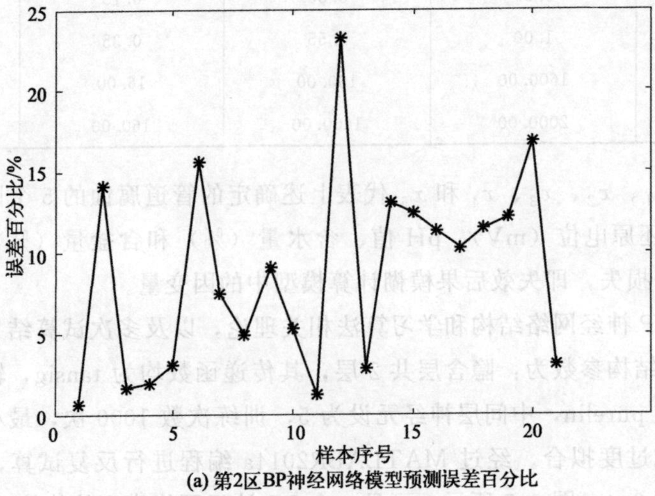

(a) 第2区BP神经网络模型预测误差百分比

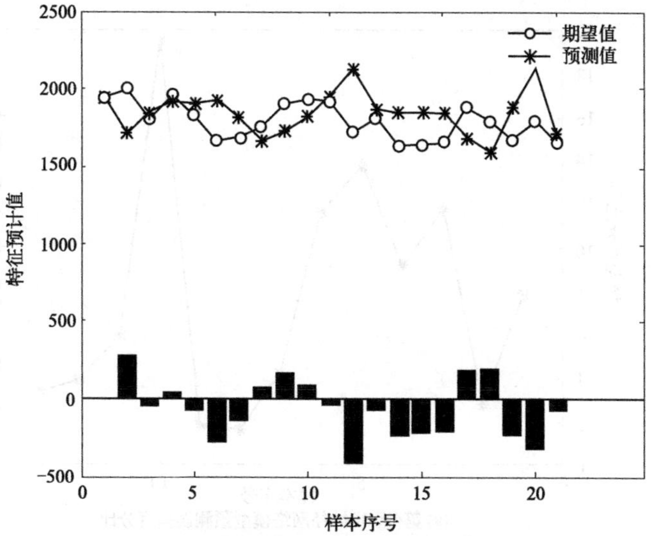

(b) 第2区预测值与期望值之间的对比

图 3.5　第 2 区 BP 神经网络模型预测误差百分比及预测值与期望值之间的对比

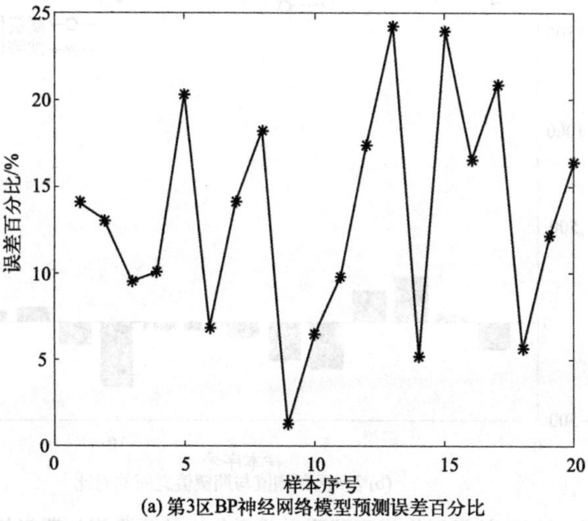

(a) 第3区BP神经网络模型预测误差百分比

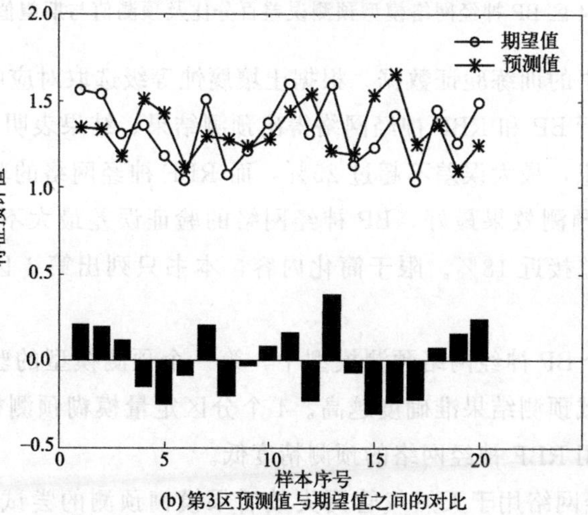

(b) 第3区预测值与期望值之间的对比

图 3.6　第 3 区 BP 神经网络模型预测误差百分比及预测值与期望值之间的对比

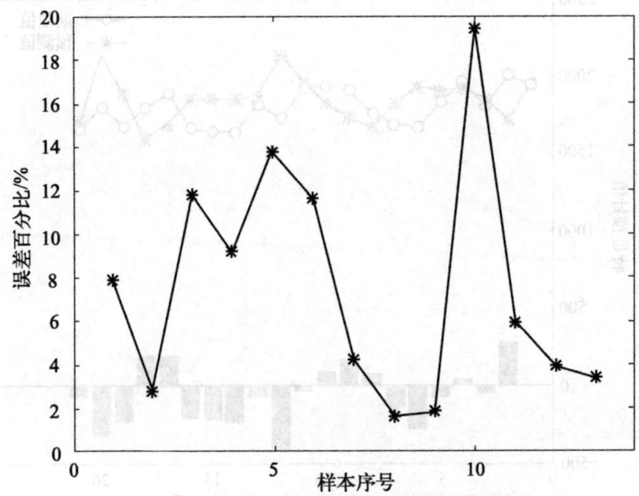

(a) 第4区BP神经网络模型预测误差百分比

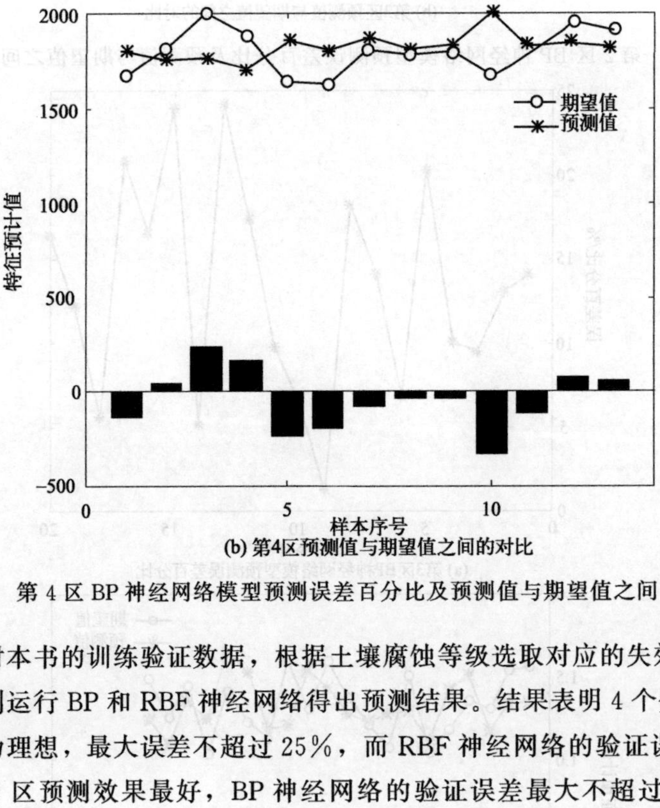

(b) 第4区预测值与期望值之间的对比

图 3.7 第 4 区 BP 神经网络模型预测误差百分比及预测值与期望值之间的对比

另外，针对本书的训练验证数据，根据土壤腐蚀等级选取对应的失效后果模糊分区预测模型，分别运行 BP 和 RBF 神经网络得出预测结果。结果表明 4 个分区的 BP 神经网络的误差较为理想，最大误差不超过 25%，而 RBF 神经网络的验证误差最大不超过 30%。其中第 1 区预测效果最好，BP 神经网络的验证误差最大不超过 12%，而 RBF 神经网络的最大误差接近 18%。限于简化内容，本书只列出第 1 区的误差对比，见图 3.8 与图 3.9。

综上所述，4 个 BP 神经网络预测模型中，第一个预测模型的验证误差最小，表明风险损失越大的区域预测结果准确度越高。4 个分区定量模糊预测模型采用 BP 神经网络的预测精度比采用 RBF 神经网络的预测精度低。

本节将 BP 神经网络用于天然气管网失效后果模糊预测的尝试表明，BP 神经网络预测模型的神经元层数、神经元数目、传递函数和训练函数的选取与训练误差选取均会

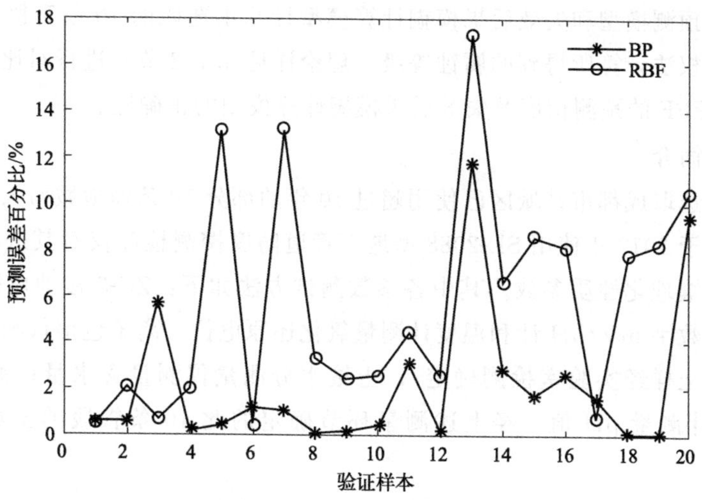

图 3.8　第 1区两种神经网络的误差对比

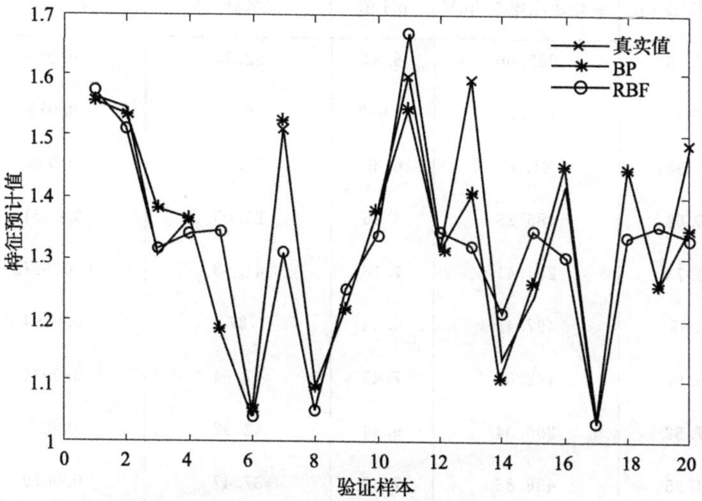

图 3.9　第 1 区两种神经网络预测值与期望值对比

对预测精度造成极大影响。通过多次反复试算分析，最终确定误差最小的 BP 神经网络预测模型的参数组合为：神经元层数 3、神经元数目 10、传递函数 tansig 和训练函数 trainlm、训练误差 0.01。

3.3.3　预测模型的对比验证

分析拟合、回归和神经网络三种方法确定的预测模型，整理出 3 个精度最高的模糊预测模型，如表 3.10 所示。

表 3.10　精度最高的 3 种预测模型

模型类型	失效后果模糊预测模型	性能评价 R^2
线性回归	$y=259.156+991.215x_1+36.331x_2-0.829x_3$	0.864
非线性拟合	$y=444.61815-911.97361x+399.86108x^2+138.8713x^3-81.96061x^4$	0.88966
BP 神经网络	训练函数 trainlm 的 BP 神经网络模型	0.9437

利用3种预测模型和失效后果模糊计算模型计算出选取的10条管段的土壤腐蚀等级，通过与熵权法计算所得到的腐蚀等级（理论详见3.1.2节）进行对比分析，验证最终确定的BP-FPF的预测精度及失效后果模糊计算模型的正确性。

(1) 实例简介

本节实例选取成都市某城区已使用超过10年的部分10条埋地城市天然气管道，借助某燃气公司于2017年使用SL-2088型地下管道防腐探测检漏仪对其进行防腐层检测获得的相关土壤理化性质参数。其中各参数测试方法如下：ZC-8接地电阻仪测量土壤电阻率；袖珍数字mV/pH计和温度计测量氧化还原电位；离子色谱仪测量含盐量（此项为现场采集土样经实验室检测确定）；土壤水分测量仪测量含水量；袖珍数字mV/pH计和温度计测量pH值。经上述测量环节确定的此10条管段的土壤理化性质如表3.11所示。

表3.11 成都市某城区10条管段的土壤理化性质

管段号	电阻率/Ω·m	氧化还原电位/mV	pH值	含水量/%	含盐量/%	管地电位/V
1	42.76	225.06	6.84	52.74	0.003	0.28
2	119.07	144.24	7.068	46.13	0.029	0.54
3	116.541	81.91	6.65	35.57	0.023	0.72
4	55.63	485.23	6.96	25.05	0.0051	0.04
5	33.73	254.41	7.16	41.63	0.036272	0.28
6	6.67	497.45	6.64	37	0.0594	0.15
7	95.67	442.01	7.43	47.64	0.0031	0.14
8	27.52	296.34	6.94	42.92	0.025	0.32
9	74.95	436.86	7.38	37.47	0.0079	0.14
10	4.34	20.52	7.16	41.63	0.0085	0.85

根据现场开挖出的管段腐蚀状况对各管段的腐蚀状况描述如表3.12所示。

表3.12 现场管段腐蚀状况

管段号	腐蚀状况描述
1	防腐层有轻微破损且破损处见锈迹
2	防腐层见鼓泡
3	无腐蚀
4	防腐层破损较多且弯头处见锈蚀
5	防腐层存在轻微破损且破损处见锈迹
6	防腐层老化且易剥离
7	防腐层存在破损且见两处蚀坑
8	防腐层存在轻微破损且破损处见锈迹

续表

管段号	腐蚀状况描述
9	防腐层破损较多且弯头处见锈蚀
10	无腐蚀

（2）基于熵权法的土壤腐蚀等级计算

基于3.1.2节中介绍的熵权法土壤腐蚀综合评价法的详细计算步骤编制出对应的Matlab熵权法计算程序（详见附录D）。计算出的6个指标的熵值 H 和权重系数 W 如下：

$$H=(1.1976 \quad 1.3509 \quad 1.3342 \quad 1.2651 \quad 1.2159 \quad 1.2823) \tag{3.34}$$

$$W=(-0.1200 \quad -0.2132 \quad -0.2030 \quad -0.1611 \quad -0.1311 \quad -0.1715) \tag{3.35}$$

基于分级评价标准和指标正反情况将评价范围对应代入隶属度函数，并对1号管段的各土壤成分值进行隶属度函数计算，以确定出各土壤成分指标的评价向量。计算的模糊矩阵 $\boldsymbol{R}$ 如下：

$$\boldsymbol{R}=\begin{bmatrix} 1 & 0 & 0 & 1 \\ 0 & 1 & 0 & 1 \\ 0 & 1 & 0 & 1 \\ 0 & 0 & 1 & 1 \\ 0 & 0.6501 & 0.6589 & 0.3411 \\ 0 & 0.9379 & 0.0621 & 1 \end{bmatrix} \tag{3.36}$$

基于模糊计算公式 $\boldsymbol{B}=WR$ 可知

$$\boldsymbol{B}=WR=(-0.1200 \quad -0.6624 \quad -0.2581 \quad -0.9136) \tag{3.37}$$

经归一化公式处理可确定出1号管段的土壤腐蚀综合评价结果向量 $\boldsymbol{j}_1$ 为

$$\boldsymbol{j}_1=(0.0614 \quad 0.3390 \quad 0.4675 \quad 0.1321) \tag{3.38}$$

同理可确定出剩余9条管段的土壤腐蚀综合评价结果向量：

$$\boldsymbol{j}_2=(0.0376 \quad 0.5000 \quad 0.2681 \quad 0.1943) \tag{3.39}$$

$$\boldsymbol{j}_3=(0.5000 \quad 0 \quad 0 \quad 0.5000) \tag{3.40}$$

$$\boldsymbol{j}_4=(0.4088 \quad 0.4550 \quad 0.0538 \quad 0.0824) \tag{3.41}$$

$$\boldsymbol{j}_5=(0 \quad 0.3986 \quad 0.4661 \quad 0.1353) \tag{3.42}$$

$$\boldsymbol{j}_6=(0.3624 \quad 0.0707 \quad 0.1400 \quad 0.4269) \tag{3.43}$$

$$\boldsymbol{j}_7=(0.3607 \quad 0.0751 \quad 0.1115 \quad 0.4527) \tag{3.44}$$

$$\boldsymbol{j}_8=(0 \quad 0.3774 \quad 0.4679 \quad 0.1547) \tag{3.45}$$

$$\boldsymbol{j}_9=(0.3619 \quad 0.0719 \quad 0.1117 \quad 0.4545) \tag{3.46}$$

$$\boldsymbol{j}_{10}=(0.5000 \quad 0 \quad 0 \quad 0.5000) \tag{3.47}$$

由最大隶属度原则可得10条管段周围的土壤腐蚀等级综合评价结果，见表3.13。

（3）结果对比

利用熵权法计算确定出土壤腐蚀等级数，依据上述3种模糊预测模型计算失效后果模糊预测值，基于失效后果模糊计算模型将失效后果模糊预测值转换为土壤腐蚀等级数。整理基于熵权法的理论土壤腐蚀等级和3种失效后果模糊预测模型对应的土壤腐蚀等级，详见表3.13。

表3.13 4种腐蚀等级计算结果对比

管段序号	基于熵权法的土壤腐蚀等级	回归预测模型对应的腐蚀等级	拟合预测模型对应的腐蚀等级	BP神经网络预测模型对应的腐蚀等级
1	3	4	3	3
2	2	2	3	2
3	1	2	4	1
4	4	4	4	3
5	3	3	2	2
6	4	3	4	4
7	4	4	4	4
8	3	3	3	3
9	4	3	3	4
10	1	1	1	1

由表3.13中3种模糊预测模型值转换后的等级数可知，BP神经网络预测模型的预测数值与基于熵权法的土壤腐蚀等级值最为接近，且与表3.12中的实际腐蚀状况最为相似，预测精度足以满足本研究需求。本研究重点是既要满足可行性，又要使计算程序更为简便，以使本书提出的布局优化方法更加高效可行，因此，本研究最终选定预测精度最高的BP神经网络模型作为BP神经网络失效后果模糊预测模型（BP-FPF）。

3.3.4 风险损失成本模糊计算预测模型

本节使用的风险损失计算方法是半定量法。根据风险的定义，每一管段的风险计算使用如下的公式：

$$R_i = L_i C_i \tag{3.48}$$

式中 R_i——管段 i 的相对风险值；

L_i——失效可能性指数，表征管段 i 失效的可能性大小；

C_i——失效后果指数，也叫泄漏影响系数，表征管段 i 泄漏和断裂所引起的后果（损失）大小；

i——管段序号。

文献［177］基于管道风险导致的失效概率和失效致死长度两个参数，建立了以人员伤亡概率为评价指标的失效后果评价方法。以人员伤亡概率为天然气管道失效后果的定量指标，可实现对风险损失造成的人员伤亡的定量评价。文献［178］以死亡人数（人）划分了失效后果等级。类似上述针对风险损失进行定量分析的文献均是基于已建管网。本节基于上述失效概率RBF神经网络预测模型和失效后果经济损失BP神经网络定量预测模型，结合风险损失计算公式，提出了在管网规划阶段实现风险损失模糊预测的风险损失模糊计算预测模型（图 3.10）。

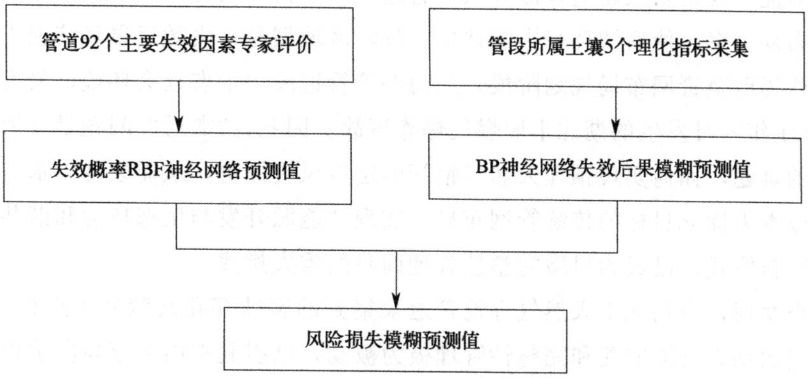

图 3.10 风险损失模糊预测模型

3.4 针对性失效后果精确预测方法

失效后果作为定量风险损失计算的重要组成部分，其计算理论关键在于泄漏扩散范围的确定，若能基于规划期可获取的一种典型失效顶事件，成功建立针对性泄漏扩散规律超前预测方法，则可扩展至其他失效顶事件各个击破。成功建立蚀孔泄漏扩散超前预测方法的核心在于创建规划期预埋管与运行期已埋管之间有效衔接的纽带。由于点蚀机理决定蚀孔特征，其失效因素为易在规划期获取的土壤理化性质，同时，泄漏扩散的决定性参数为泄漏量和泄漏压力，且泄漏量和泄漏压力又直接取决于泄漏孔和管段运行参数，因此，提出基于土壤理化成分的蚀孔模型和泄漏量计算理论为成功建立纽带的两个核心科学问题。其中，包括蚀孔大小、形貌和位置的蚀孔模型，由于失效因素季节波动性和蚀孔不规则性，试图联合运用卷积神经网络和循环神经网络，建立不规则蚀孔超前预测模型，在此基础上提出运用流体力学中流量特性研究方法探索泄漏量与不规则蚀孔之间的定量数学关系式。另外，构成超前预测方法的第 3 个关键环节是泄漏扩散的多场耦合扩散，分别针对实际土壤理化性质和大气环境参数建立物理模型和控制方程，通过 CFD 进行不规则泄漏孔泄漏扩散模拟，利用人工环境室外模拟房间对其模拟结果进行验证，极大提升扩散模拟准确性。该方法可扩展应用于内壁腐蚀、第三方破坏和地质灾害等失效顶事件引起的预埋管泄漏扩散区域预测，结合已有的失效概率超前预测模型及失效后果经济损失计算理论，为油气管道置前风险评价及整体优化布局的软件研发提供理论支撑。

3.4.1 定义背景

管道完整性管理是目前针对已敷设管网运行期风险评价最有效的理论支撑，但并不完善。难以控制的油气管道爆炸事故造成的大量人员伤亡和财产损失表明，导致管道风险发生的失效因素并非均是管道敷设后运行期滋生的产物，比如腐蚀穿孔、地质灾害或第三方破坏等运行期失效顶事件导致的风险损失，而是源于确定管道路由的布局规划阶段（将此类可在规划期获取的运行期失效因素简称为“规划期失效因素”）。本书结论已证实，若能在规划阶段超前预测天然气管道风险损失，则可进一步确定最小化风险损失的优化布局方案，使后续环境影响评估、危险区域划分、失效后果经济损失估量等风险分析工作提前至管网布局规划阶段，从而保障管道周边生态社会环境，最大限度地避免类似 2021 年 6 月发生的湖北十堰燃气爆炸事故。因此，“滞后”问题是管道风险分析亟待解决的难题，如何实现预埋天然气钢管的定量风险评价，从而改变以水力可靠性或最低建造成本为优化目标的传统管网布局，实现“能源开发与生态环境和谐共生的绿色管道布局”新模式，已成为风险完整性管理面临的重大挑战。

经调查发现，贵州城市天然气埋地管道采集到的腐蚀穿孔残骸从未进行深入分析，致使目前埋地钢管腐蚀监测和完整性管理极为被动，已引起省内专家高度重视，其他省份虽有相关研究，但均针对运行期管道风险，未能实现规划期风险超前预测的瓶颈在于未能寻找到可行的超前预测思路。笔者近年来针对预埋天然气管道提出的失效后果模糊预测模型，虽然预测结果误差较大，但结论却证明在规划阶段超前预测风险损失，可促使天然气管道工程的经济社会效益显著提升[179]。失效后果经济损失等于后果伤害半径内各经济损失累计值，常用的事故后果伤害准则均假设已经发生喷射火、爆炸、蒸气云爆炸和闪火等，实际上天然气泄漏后在土壤和大气中的耦合扩散过程，直接影响泄漏到空气中发生以上事故的最终伤害半径，所以有必要对更精确的泄漏扩散模型进行深入研究。据此可知实现在规划阶段精确超前预测风险损失的关键是建立预埋天然气管道的泄漏扩散规律超前预测方法。由于引起泄漏的失效因素较多，包括外壁腐蚀、内壁腐蚀和第三方破坏等，且穿孔形式复杂，比如应力腐蚀、缝隙腐蚀或孔蚀等，因此泄漏扩散规律研究复杂且宽泛，需针对失效因素和泄漏形式各个击破，即运用本书提出的针对性泄漏扩散预测方法。

3.4.2 核心步骤

本书提出的超前预测框架所需测试训练数据主要指两类失效数据集：一是基于不规则泄漏孔与土壤理化性质及周边人员活动和城规设计之间的强相关性获取的不规则泄漏孔失效数据集；二是基于不规则蚀孔与泄漏扩散之间的强相关性获取的不规则泄漏孔泄漏扩散失效数据集。为获取上述失效数据集，必须深入研究组成超前预测方法的 3 个主要环节，即不规则泄漏孔模型、不规则泄漏孔泄漏特性和泄漏天然气的扩散规律。

(1) 预埋天然气钢管不规则泄漏孔模型

针对现场收集的腐蚀钢管，利用失效原因分析标识出点蚀穿孔试件，测定交流阻抗谱和动电位极化曲线，结合土壤腐蚀模拟加速试验箱设计，分析腐蚀概率和钝化概率，研究泄漏孔发生规律，明确影响其泄漏孔特征的土壤理化性质，构建天然气埋地钢管泄漏孔机理模型；结合三维元胞机设计土壤腐蚀模拟加速试验箱，获取足够的泄漏孔图像数据集。

优化组合不规则泄漏孔形貌、大小和位置对应的土壤主要理化参数，包括电阻率、含水率、pH 值、含盐量、温度、含气量、微生物含量、杂散电流与氧化还原状况等，结合泄漏孔位置、大小和形貌的标签设计，优化输入输出数据集，改进循环神经网络算法，构建基于规划期土壤理化性质的不规则泄漏孔的超前预测模型。在此基础上，探索除点蚀外其他顶事件的泄漏孔超前预测模型。

（2）埋地天然气钢管不规则泄漏孔泄漏特性

通过在不同土壤埋深（0～90cm）、蚀孔模型和泄漏压力（10～50kPa）条件下进行埋地钢管泄漏特性模拟与实验，分析蚀孔大小、埋深和形貌及管内压力对泄漏速率的影响规律，进而发掘蚀孔模型和覆土类型下蚀孔泄漏量、管网入口压力和蚀孔附近压力特性之间的相互关系，研究蚀孔工况对应的管网漏失关系稳定性及影响因素，确定泄漏天然气的流速、压力和质量流量等流场分布。

分析不规则蚀孔几何形态对蚀孔泄漏速率的影响机理及蚀孔附近的气体动力学特征量，包括速度分布和马赫数分布等，确定泄漏量特性曲线，构造蚀孔修正系数模型，建立更切实际的泄漏量理论关系式；采用点蚀模拟试验留存的不规则蚀孔试件设计泄漏特性实验，验证其正确性。

（3）泄漏天然气的多场耦合扩散规律

基于不规则蚀孔及其泄漏特性，建立土壤中天然气泄漏扩散的温度、浓度和压力耦合作用的迁移动力学模型，设计天然气在土壤和空气中扩散的计算流体动力学（CFD）三维模拟程序，分析不同吸水性和吸附性等土壤变化工况和空气热性参数对甲烷浓度的影响，构建天然气在土壤和大气中扩散的控制方程。

摸清甲烷泄漏扩散体积分数随管道埋深、土壤温度、土壤理化性质、空气温度、风速、泄漏孔径形貌及位置变化的规律，收集土壤和空气受季节影响的变化数据，建立顾及季节特征提取的失效因素动态预测网络，研究天然气云团在土壤和大气耦合作用下的动态扩散规律，确定高精度的扩散范围，结合卷积神经网络构建基于规划期失效因素的扩散规律超前预测模型；运用人工环境实验室的室外环境模拟房间，布置扩散测点优化并验证超前预测精度。

3.4.3　关键技术

（1）土壤腐蚀加速试验箱内的土壤调制

土壤是气、液、固三相物质构成的混合体系，对埋在土壤内的各类材料的腐蚀十分复杂；而不同的土壤有着不同的物理化学特性，包括电阻率、含水量、透气性、pH 值、有机质含量、管地电位等，这些理化因素都直接或间接影响着蚀孔位置和形貌。不同土壤介质间的条件差异较大，要取到各种理化性质的土样在实验室进行研究有一定的难度。本研究基于点蚀机理模型预采用以下步骤：基底土样预处理；模拟土壤理化性质（pH 值模拟、总含盐量及各离子含量模拟、含水率模拟、孔隙率模拟、温度模拟）；埋管法测定腐蚀速率并收集蚀孔图像数据；通过选取合适的基底土样，在实验室配土，控制试验参数及过程，可以模拟不同种类钢管在酸性土壤、盐土、红黏土等各类土壤腐蚀环境区域的腐蚀过程。模拟土壤在腐蚀因素范围选择上具有较大自由度，因此可以充分模拟各种极端环境下的腐蚀情况，所得数据快速、真实、有效。

(2) 蚀孔图像数据获取及标签设计

数据集选取是蚀孔图像处理的第一步，也是决定超前预测网络建模成败的关键因素之一。由于蚀孔所处环境的复杂性、动态性、多样性与相似性，因此构建一个泛用性较高且识别准确的蚀孔预测模型，首要前提是数据量足够、蚀孔种类全面、环境真实的数据集，且此数据集至少10万。结合点蚀穿孔加速试验，并通过项目实施后在1～2年内不同时期和不同地段，特别是冬季燃气管道事故高发期进行多样性的泄漏孔图像取样，获得足够多的训练样本，提高卷积神经网络训练的鲁棒性。其中，泄漏孔形貌的不规则性可通过人工一张图一张图地勾画出标签。由于其极为耗时，也可同时采用目标识别的标签作为验证模型，标识出泄漏孔最小矩形的4个顶点坐标，以确定不规则泄漏孔较为精确的大小和位置。

(3) 顾及季节特征提取的土壤成分动态预测循环神经网络

为了减少因土壤性质和外部空气参数受季节影响波动较大导致的预测误差，提高超前预测精度，提出顾及季节特征提取的土壤成分动态预测的循环神经网络模型。预测框架主要包括：以动态过程时间参数为自变量，各种已有土壤和空气历史变化数据设计预测链路为输入层，季节特征提取参数如天气状况和空间位置等为特征层，及土壤理化性质或空气热力参数等因变量为输出层预测模型框架。拟用预测框架如图3.11所示。

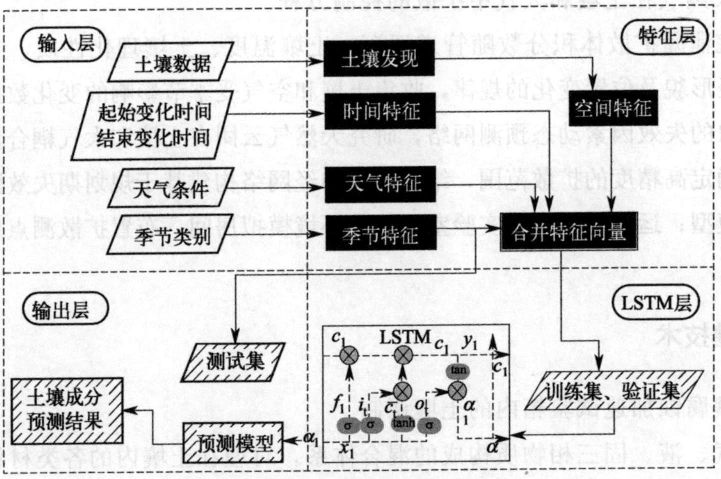

图3.11 循环神经网络动态预测流程

3.4.4 可行性分析

不规则泄漏孔模型超前预测和空气土壤等规划期可获取失效因素的动态预测是本研究能否顺利完成的关键环节，通过与深度学习相关邻域专家沟通已明确，结合卷积神经网络和循环神经网络组合设计可成功实现超前预测框架（图3.12）。

循环神经网络用于目标检测及动态预测的技术应用均较成熟，另外，本书构建的

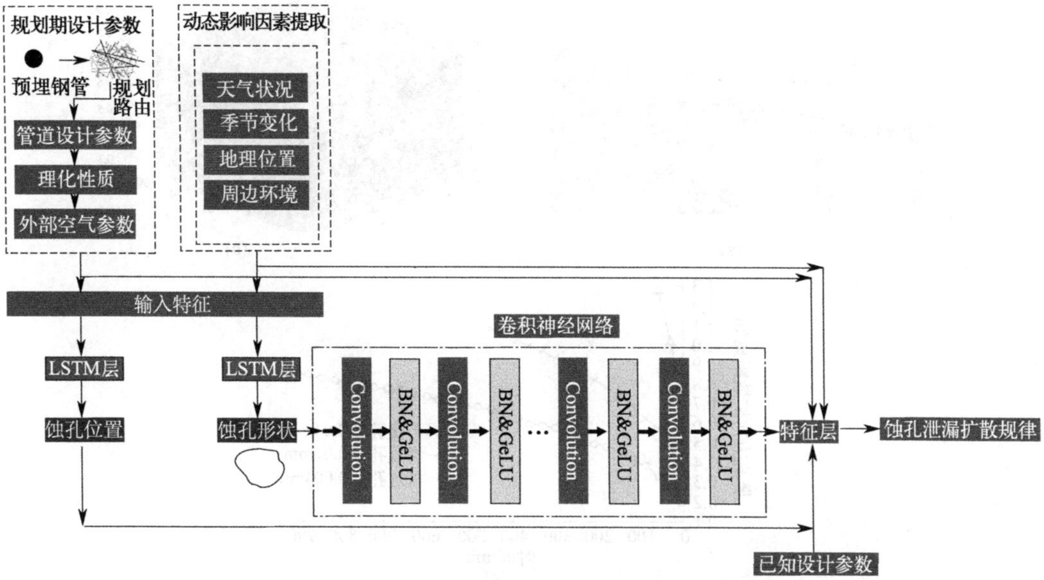

图 3.12　不规则蚀孔泄漏扩散超前预测框架

超前预测框架已通过神经网络专业人士的认可，通过上述核心步骤和关键技术可获取充分失效数据集，以顺利提升超前预测精度。基于外壁腐蚀、内壁腐蚀、第三方破坏和地质灾害等失效顶事件的针对性超前风险评价方法，能成功解决蚀孔失效评价“滞后”难题，可推广应用于完善油气管道腐蚀泄漏特性、管网布局整体优化数学模型和完整性管理，对油气储运的路由规划、防腐工程及修正《埋地输气干线至各类建构筑物最小安全距离、防火距离》等安全相关标准具有重要的理论价值和工程应用意义。

不规则蚀孔泄漏量计算公式是本研究另一个重要的理论模型，成败关键在于蚀孔修正系数的确定。蚀孔修正系数主要借鉴流体力学中的流量特性曲线概念，利用流量特性试验获取流量特性曲线，可阐明针对不规则阀芯的流量变化规律。同理，不规则蚀孔也可利用蚀孔泄漏量特性试验和模拟相结合，绘制不同蚀孔对应的流量特性曲线，结合理论泄漏量计算公式，通过相应等式间换算，即可确定蚀孔修正系数。

目前我们的已有研究成果表明含水量 30％时平均锈层覆盖率和腐蚀失重率最大，含水量与最大蚀孔深度也并非成正比关系，即含水量 30％时的最大蚀孔深度比 40％时大 0.05mm，比 50％时仅小 0.03mm，因此通过调配 3 种土壤配比方法，分别比较在高浓度 Cl^- 单独作用下、Cl^- 与 SO_4^{2-} 共同作用下以及 Cl^-、HCO^{3-} 与 SO_4^{2-} 三者共同作用下金属的腐蚀情况，含水量均设置为 30％±5％[图 3.13(a)]。另外，三维元胞机模拟显示实验中腐蚀坑面积的变化过程与理论模型吻合较好[图 3.13(b)]。将模拟的蚀孔进行泄漏扩散模拟，证明不规则蚀孔大小相差约 10mm，将导致扩散距离在 2h 内最大范围波动高达约 10m 以上，极有可能远超建筑退线规范取值[图 3.13(c)]。此研究将为针对性超前预测进一步开展蚀孔和扩散的试验及模拟提供可行实施方案。

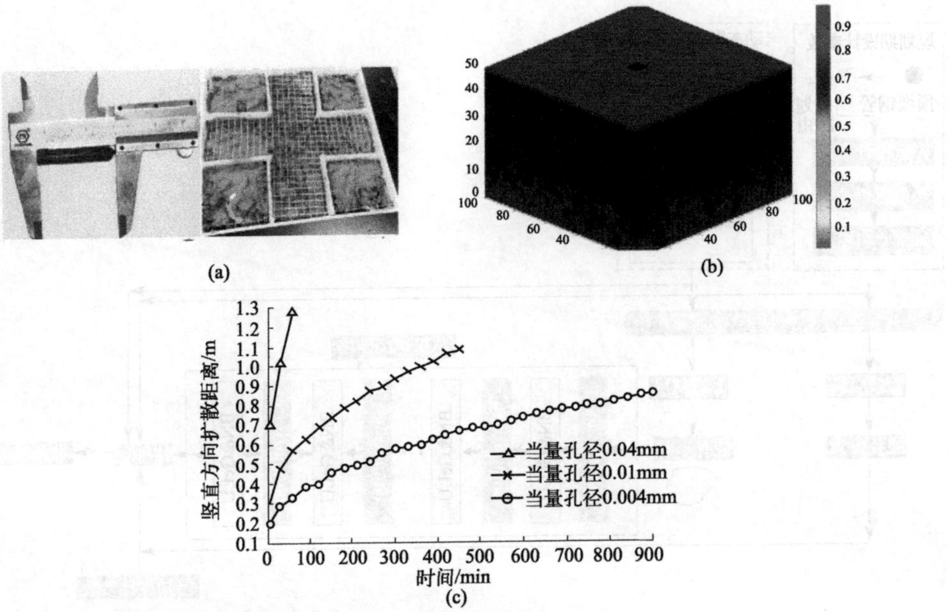

图 3.13 点蚀穿孔试验及其泄漏扩散模拟

3.5 本章小结

目前风险损失的计算主要针对已建管网运行期进行风险评价理论，应用故障树分析技术计算失效概率，结合理论失效后果计算货币化的风险损失定量值。本章重点是构建基于土壤腐蚀等级和失效后果分区内在对应关系的FMF，结合上章确定的基于RBF神经网络的失效概率预测模型（RBF-FPM），构建风险损失模糊预测模型。

模糊预测模型的建立主要涉及以下几个主要步骤：

① 因变量的确定。依据发现的失效后果等级分区和土壤腐蚀等级分区的内在对应关系提出FMF，从而确定因变量的取值范围。

② 自变量的确定。首先分析土壤腐蚀的主要影响因素，将FMF中包含的5个指标作为初选自变量，然后通过土壤成分与失效后果的相关性分析，最终确定除含盐量（%）外的电阻率（Ω·m）、氧化还原电位（mV）、pH值和含水量（%）这4个土壤成分作为自变量。

③ 预测模型的建立。通过逐步回归、非线性拟合和神经网络这3种模糊预测模型的对比分析，确定预测准确度最为理想的FPF。其中，神经网络模糊预测模型需在5个区间内分别进行神经网络的训练、验证和预测分析过程，以进行分区建模。

本章首先利用发现的腐蚀等级与失效经济损失的内在对应关系提出FMF，从而建立拟合和神经网络模糊预测模型。同时，通过自变量组合试算进一步修正风险损失模糊预测模型，以此为基础将预测的失效后果模糊预测值转换为土壤腐蚀等级，再将其与熵权法土壤综合评价技术所得到的土壤腐蚀等级进行对比分析，以验证失效后果模糊计算预测模型的正确性，然后运用风险评价理论中的失效概率与失效后果关系确定风险损失模糊计算预测模型。最后，提出针对性失效后果精确预测方法，并分析其核心步骤、关键技术及其可行性分析。

值得注意的是，失效后果模糊预测模型的验证过程主要是检验失效后果模糊计算模型中腐蚀等级与失效后果的对应关系是否成立，从而验证本章提出的失效后果模糊计算模型与模糊预测模型的正确性和可行性。土壤成分在规划阶段的易获取性体现了此失效后果模糊预测模型相比传统的失效后果计算过程具有明显的简便性和可操作性。

第4章

最小化风险损失的布局优化方法

本章主要利用上述确定的风险损失模糊预测模型对当量费用长度进行设计，结合枝状和环状管网的物理模型，建立可在规划阶段最小化风险损失的布局优化数模；通过GA、ACO和最小生成树算法的设计与实现求解两种布局优化数模；详细论述布局优化方法的完整计算步骤与涉及的两个关键环节。

4.1 基于风险最小化的管网布局优化模型

城市天然气管网优化设计通常在技术可行的前提下仅考虑造价和运行经济成本，然而随着现今城市天然气管网规模迅速增大，管网的风险管理显得尤为重要。风险损失成本通常需在管网运行阶段对其进行风险损失计算，本章首次提出在管网布局规划阶段最小化风险损失成本的优化布局方法。

城市天然气管网系统主要由输气管线和调压设备组成，按照采用的管网压力级制分为一级系统、二级系统和多级系统。随着现阶段各行业的高速发展，城市天然气管网常采用二级系统，即城市外环敷设高压管网而城市内敷设中压环网（庭院管网除外）。城市燃气管网供气流程为：燃气首先经城市外环高压管网门站调压至低压，然后通过低压管网系统送至用户；也可通过中压管网直接送到各楼栋调压箱降压至低压。从楼栋的调压设备出来的中压管段接至各楼栋调压箱的管段通常采用枝状管网形式。由此可见研究枝状燃气管网的布局优化具有一定的实用价值。

另外，主干管网通常采用在可靠性方面要求较高的环状布局，但在实际应用中存在如下问题：处于起步阶段的环状管网的布局优化研究缺乏充分的理论支撑，常常人为确定环网的布局规划方案；基于实践经验和环网所具有的系统熵理论可知，越复杂的管网所具有的水力可靠性越高，但却导致投资和运行费用增加，经济效益降低。

基于上述枝状管网和环状管网在布局优化研究方面存在的实用价值，本节详细阐述了枝状管网和环状管网的特点及两种布局的物理模型和优化数学模型。

4.1.1　管网布局优化的物理模型

（1）枝状和环状管网的特点

我国西气东输工程的顺利竣工和海陆气田的勘探开发，使得国内天然气输送管网相继进入规划建设阶段。天然气管网通常按照枝状和环状两种方案进行总体规划。环网中任意两节点间均存在一条以上的连通管段，即至少存在于一个封闭回路中，使得每个节点用户的燃气量均有两条以上的管道进行供应。枝网中任意两节点之间仅存在一条连通管段，使得所有管段均不存在封闭回路，管网中的节点气流流向固定，且任一节点用户的燃气量由唯一管段进行供应。

在城市天然气管网规划阶段，通常为满足稳定安全供气和平衡区域用户的正常运行工况，采用次高压 B 以上的环状城市主干网设计。现今发达国家的城市燃气管网一般采用大型的高压环状管网布局，使各主城区间的燃气管网尽可能敷设成环，以满足不同城区间的调度需求。不过，针对中低压区域管网，由于环状和枝状布局各有利弊，因此并无通用的固定模式。具体的布局规划需以合理满足各区用户的需求为原则，并根据管网敷设区域周边的气源条件、用户类型和对应的技术经济条件进行分析后确定。

总之，环状管网在运行工况方面优于枝状管网，而在工程经济性以及运营管理方面并不理想。枝状管网方案的平均管径比环状管网大，但由于管长耗费量较少，其经济性优于环状管网。针对城市天然气中低压管网，布局类型需根据用户类型、气源分布以及造价安全等各种条件进行规划分析后确定。

（2）布局优化问题的物理模型

根据燃气管网的供气范围大小，将枝状管网覆盖的区域划分为几个小的供气区域，以道路的转角或调压柜为管网图的节点，在 AutoCAD 中做出此区域的燃气管网初始敷设路径（图 4.1），以便更好地建立管网布局优化物理模型。

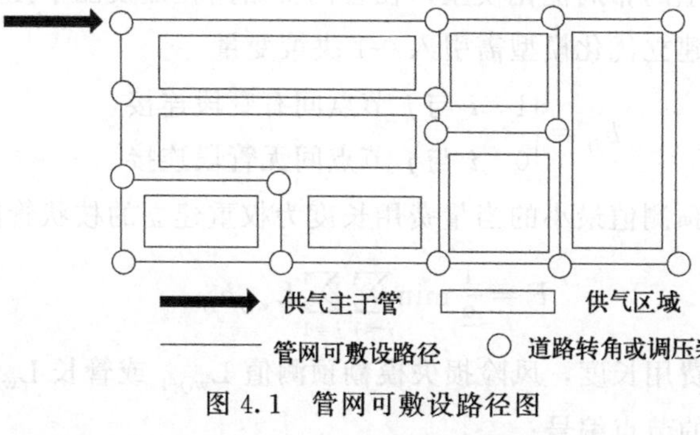

图 4.1　管网可敷设路径图

基于图论原理，可将上述的管网布局图看作点和边的集合，即 $G=(V,E,W)$。其中 V 为点集合，E 为边集合，W 为边的权集合。城市燃气管网布局可表示为由以下两个主要方面组成的拓扑结构图：一是节点间的连接关系；二是各边权值的大小。在管网初始敷设路径确定的前提下，可将管网初始路径简化为由点与边构成的拓扑结构，由此可知管网布局优化的本质是寻找最优的管网拓扑结构形式。将道路转角或是调压设施作为点集V，可敷设路径视为边集E，以管长或是当量长度作为边权值W，见公式(4.1)。抽象为无向网络加权图，如图4.2所示。

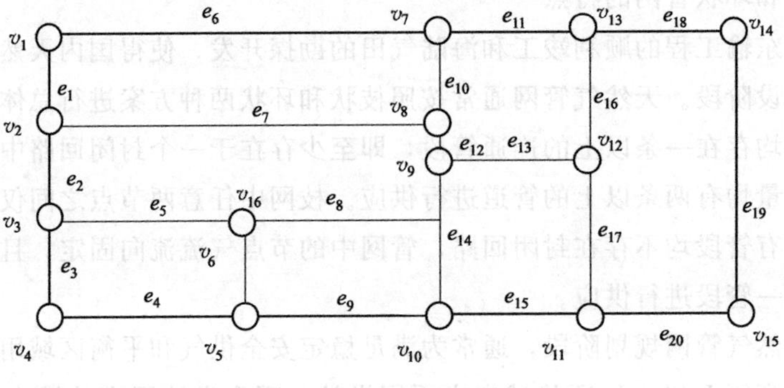

图4.2 管网无向网络加权图

无向网络加权图的数学表达式如下：

$$G=(V,E,W) \tag{4.1}$$

式中，G为管网初始敷设路径图；$V=(v_1,v_2,\cdots,v_i,\cdots,v_m)$，为燃气管网中的节点集合，$v_i(i=1,2,\cdots,m)$为燃气管网的第$i$个节点，$m$为燃气管网的节点总数；$E=(e_1,e_2,\cdots,e_j,\cdots,e_p)$，$e_j(j=1,2,\cdots,p)$为燃气管网的第$j$条管线，$p$为燃气管网中的管段数；$W=(w(e_1),w(e_2),\cdots,w(e_j),\cdots,w(e_p))$为燃气管段的管长或当量长度组成的边权集，$w(e_j)(j=1,2,\cdots,p)$为燃气管网中第$j$条管段对应的当量长度的权值，若$e=v_iv_j\in E$,则$w_{ij}=w(e)$。

4.1.2 枝状管网布局优化数学模型

本研究针对城市燃气管网的风险损失最小化目标，结合本书的风险损失预测模型，建立以当量长度为权重的布局优化模型，在管网初始路径敷设图中搜索出经济且低风险的管网布局方案。为建立优化模型需引入0-1决策变量

$$b_{ij}=\begin{cases}1 & i\text{ 与 }j\text{ 节点间有管段连接}\\0 & i\text{ 与 }j\text{ 节点间无管段连接}\end{cases} \tag{4.2}$$

以风险损失模糊预测值最小的当量费用长度为权重建立的枝状管网优化数模如下：

$$F=\frac{1}{2}\min\sum_{i=1}^{n}\sum_{j=1}^{n}L_{\mathrm{w}ij}b_{ij} \tag{4.3}$$

式中 $L_{\mathrm{w}ij}$——当量费用长度，风险损失模糊预测值$\mathrm{L}_{\mathrm{w}ij\text{-f}}$或管长$\mathrm{L}_{\mathrm{w}ij\text{-c}}$；

i，j——管网的节点编号；

$L_{\mathrm{w}ij\text{-f}}$——风险损失模糊预测值；

$L_{\mathrm{w}ij\text{-c}}$——$i$与$j$两节点间连接管段的长度，计算式为

$$L_{\mathrm{w}ij\text{-c}}=\sqrt{(X_j-X_i)^2+(Y_j-Y_i)^2}\ (\mathrm{km}) \tag{4.4}$$

4.1.3 环状管网布局优化数学模型

由于燃气行业特有的安全特性，通常规定在燃气管网系统设计时必须以保证可靠性为前提。然而，传统的环网布局方案在很大程度上由人为主观确定，并无量化理论支撑。本节采用段常贵老师的最大熵理论，将其作为可靠性的间接度量指标，根据燃气管网中燃气的流动特性建立的节点熵函数以及燃气管网最大熵模型，建立了可在规划期实现风险损失最小化的环状管网布局优化模型。

(1) 单气源的最大熵模型

针对单气源燃气管网，各节点用气量由单个气源独立提供，在满足任意节点需求的路径流量均相等的前提下流量为最均匀分配，节点和系统的熵值均为最大值，以此为基础的单气源燃气管网最大熵模型。

针对某一节点 j，设对应的各路径流量为 $f_j^1(i=1, 2, \cdots, NL_j)$，$NL_j$ 为气源点 0 至节点 j 间存在的路径数，则

$$f_j^1=f_j^2=\cdots=f_j^{NL_j}=f_j \tag{4.5}$$

节点 j 的所有路径组成的流程之和即为 j 点的节点流量 q_{j0}：

$$q_{j0}=\sum_{i=1}^{NL_j} f_j^i \tag{4.6}$$

根据式(4.6) 可得

$$q_{j0}=\sum_{i=1}^{NL_j} f_j^i=NL_j f_j \tag{4.7}$$

式(4.7) 可转换为

$$\frac{f_j}{q_{j0}}=\frac{1}{NL_j} \tag{4.8}$$

根据 Shannon 信息熵的定义式(4.9) 得出的节点 j 的路径熵函数如式 (4.10) 所示。

$$H(x)=\sum_{i=1}^{n} p(x_i)h(x_i)=-\sum_{i=1}^{n} p(x_i)\ln p(x_i) \tag{4.9}$$

$$H_j=-\sum_{1}^{NL_j}\frac{f_j^i}{q_{j0}}\ln\frac{f_j^i}{q_{j0}} \tag{4.10}$$

由式(4.10) 可得单气源节点的最大熵

$$H_j=-\sum_{1}^{NL_j}\frac{f_j^i}{q_{j0}}\ln\frac{f_j^i}{q_{j0}}=-NL_j\frac{f_j^i}{q_{j0}}\ln\frac{f_j^i}{q_{j0}} \tag{4.11}$$

联立式(4.10) 和式(4.11) 可将节点熵方程转换为

$$H_j=-NL_j\frac{1}{NL_j}\ln\frac{1}{NL_j}=\ln NL_j \tag{4.12}$$

由上式可知，各节点的最大熵由燃气管网气源点到节点的路径数确定。

根据上述节点最大熵模型的建立原则，设燃气管网具有 N 个节点，节点 j 的直接

供气上游节点为 $n(j)$ 个，管段 i、j 间的流量为 q_{ij}，$Q_0=\sum_{j=1}^{N} q_{j0}$ 为管网所包含的节点流量 q_{j0} 之和。q_{ij}/Q_0 被定义为一个概率空间，为流入节点 j 对应的上游管段流量基于整个管网总流量的分配概率，依据信息熵理论得出的基于管段流量的节点熵函数如下：

$$H'_j=-\sum_{i=1}^{n(j)}\left(\frac{q_{ij}}{Q_0}\right)\ln\left(\frac{q_{ij}}{Q_0}\right) \tag{4.13}$$

则整个管网的系统熵表达式为

$$H=-\sum_{j=1}^{N}\left[\sum_{i=1}^{n(j)}\left(\frac{q_{ij}}{Q_0}\right)\ln\left(\frac{q_{ij}}{Q_0}\right)\right] \tag{4.14}$$

设 $\frac{q_{ij}}{Q_0}=\left(\frac{q_{ij}}{q_{j0}}\right)\left(\frac{q_{j0}}{Q_0}\right)$，代入上式可将系统熵表达式转换为

$$H'=-\sum_{j=1}^{N}\frac{q_{j0}}{Q_0}H'_j-\sum_{j=1}^{N}\frac{q_{j0}}{Q_0}\ln\frac{q_{j0}}{Q_0} \tag{4.15}$$

燃气管网的上游节点至下游节点的流向称为汇入。令 $p_{ij}=q_{ij}/Q_j$，则可知对于燃气管网的任一节点，由节点 j 的熵与上游节点熵的关系式(4.14) 可得燃气管网中节点流量汇入的路径熵，如式(4.16) 所示。

$$H_j=\sum_{i\in U(j)}(-p_{ij}\ln p_{ij}+p_{ij}H_i)\quad \forall j\in N \tag{4.16}$$

式中，$U(j)$ 为节点 j 对应的上游节点集合。若设 $H_{ij}=-p_{ij}\ln p_{ij}$，则式(4.16) 可转换为

$$H_j=\sum_{i\in U(j)}(H_{ij}+p_{ij}H_i)\quad \forall j\in N \tag{4.17}$$

依据式(4.15) 和式(4.17) 可知系统的最大熵模型表达式如下：

$$H=-\sum_{j=1}^{N}\left(\frac{q_{j0}}{Q_0}\right)\ln\left(\frac{q_{j0}}{Q_0}\right)+\sum_{j=1}^{N}\frac{q_{j0}}{Q_0}\ln NL_j \tag{4.18}$$

由于节点流量 q_{j0} 与流进管网总流量均已知，则基于上式可知最大熵模型的计算过程无需考虑管段流量，极大地简化了计算过程。

(2) 多气源的最大熵模型

城市燃气管网为了满足实际可靠性需求，通常会设置多个供气气源。相比于单气源管网，多气源管网大部分节点的节点供气量由所有气源提供，且每个气源供应的节点气量与气源总供气量的比例不同。将多气源系统看作每个单气源子系统的叠加，则每个单气源子系统的节点流量和路径流量关系如下：

$$q_{j0k}=NL_{kj}f_{kj}\quad \forall j\in NJ_k \tag{4.19}$$

式中，q_{j0k} 为第 k 个气源组成子系统中所含节点 j 的节点流量；NL_{kj} 为第 k 个气源组成子系统中所含节点 j 的路径数量；f_{kj} 为气源 k 至节点 j 的路径流量；NJ_k 为第 k 个气源组成的子系统中总的节点数量。

则节点 j 的最大熵为

$$H_j=-\sum_{k\in K_j}\frac{q_{j0k}}{q_{j0}}\ln\frac{q_{j0k}}{q_{j0}} \tag{4.20}$$

即有

$$H_j = -\sum_{k \in K_j} \frac{NL_{kj} f_{kj}}{q_{j0}} \ln \frac{NL_{kj} f_{kj}}{q_{j0}} \tag{4.21}$$

式中，K_j 为气源点集合。

Yassin-Kassab 等针对大量实例进行分析研究，验证了多源网络具有如下被命名为 A 准则的规律：每一对气源点的路径流量概率的比值对所需求点相同[180]。其表达式为

$$a_{kj} = \frac{p_{kj}}{p_{ij}} \quad \forall j \in NJ \text{ 且 } i, k \in K_j \tag{4.22}$$

式中，i、k 为第 i、k 个气源点；p_{ij} 为第 i 个气源到节点 j 的路径流量概率；p_{kj} 为第 k 个气源到节点 j 的路径流量概率；a_{kj} 为 j 和 k 两个气源节点的路径流量概率之比，为常数；NJ 为燃气管网所包含的所有节点集合。

若一气源燃气管网含有 NI 个气源节点，则管网中任一节点均会存在 NI 组路径流量概率，即有 NI 个路径流量概率比。

设

$$a_{kj} = \frac{a_k}{a_i} \tag{4.23}$$

则式 (4.22) 可转换为

$$a_{kj} = \frac{p_{kj}}{p_{ij}} = \frac{a_k}{a_i} \quad \forall j \in NJ \text{ 且 } i, k \in K_j \tag{4.24}$$

针对每一个气源点的路径流量概率均存在 NI 个 a 值，则路径流量概率比有 $NI-1$ 个，因而本书的单气源管网取一个气源节点为参考点。设节点 i 为参考气源节点，对应的 a_i 值取作 1，则式(4.24) 转换为

$$a_k = \frac{p_{kj}}{p_{ij}} \quad \forall j \in NJ \text{ 且 } i, k \in K_j \tag{4.25}$$

设气源点 k 至节点 j 的路径流量概率

$$p_{kj} = \frac{f_{kj}}{Q_k} \tag{4.26}$$

式中，Q_k 为气源点 k 的供应流量。

由上两式可得

$$a_k = \frac{p_{kj}}{p_{ij}} = \frac{f_{kj}/Q_k}{f_{1j}/Q_1} \quad \forall j \in NJ \text{ 且 } i, k \in K_j \tag{4.27}$$

又设 $\gamma_k = Q_k / Q_1$，则上式可转化为

$$a_k = \frac{a_k Q_k}{Q_1} f_{1j} = a_k \gamma_k f_{1j} \quad \forall j \in NJ \text{ 且 } k \in K_j \tag{4.28}$$

基于路径流量定义，针对整个多源管网系统，某节点 j 对应的路径流量 f_{kj} 与节点流量 q_{j0} 之间的关系式如下：

$$\sum_{k \in K_j} NL_{kj} f_{kj} = q_{j0} \quad \forall j \in NJ \tag{4.29}$$

则联立式(4.28) 与式(4.29) 可得

$$f_{1j}=\frac{a_k\gamma_k q_{j0}}{\sum\limits_{k\in K_j} a_k\gamma_k NL_{kj}} \tag{4.30}$$

结合式(4.26) 可得

$$p_{kj}=\frac{a_k q_{j0}}{\sum\limits_{k\in K_j} a_k Q_k NL_{kj}} \tag{4.31}$$

某一气源节点 k 构造的 NI 个节点标准化后的方程如下：

$$\sum_{j\in KJ_k} NL_{kj} p_{kj}=1 \tag{4.32}$$

将式(4.31) 代入标准化方程式(4.32) 可得 NI 个方程，结合其中 $NI-1$ 个方程便可计算 $NI-1$ 个未知的 a；将其代入式(4.30) 即可求得节点 j 的路径流量，则基于式(4.21) 可知节点 j 对应的最大熵如下：

$$H_j=-\sum_{k\in K_j}\frac{a_k\gamma_k NL_{kj}}{\sum\limits_{k\in K_j}\alpha_k\gamma_k NL_{kj}}\ln\frac{a_k\gamma_k NL_{kj}}{\sum\limits_{k\in K_j}a_k\gamma_k NL_{kj}} \tag{4.33}$$

基于上述各节点最大熵与系统熵函数公式即可计算出系统最大熵，且最大熵取决于决定系统潜在最大可靠性的管网拓扑结构。

(3) 基于最大熵的布局优化模型

基于图论理论将城市燃气管网各节点和管段抽象为初步连接图 $G=(V, E)$，其中节点集合 $V=\{v_1,v_2,\cdots,v_n\}$，管段集合 $E=\{e_1,e_2,\cdots,e_m\}$。城市燃气管网通常采用环状布局，以便管段出现故障时，用户由于存在多个供气路径保证安全的供气需求。将保证燃气主干环网连接可靠性的连接节点的边的数目定义为该节点的度 de_j，$de_j\geqslant 2$，且布局规划时尽量选取节点度小的布局以尽可能节省建设的经济成本，但在安全可靠性方面，节点度越大可靠性越高。因此，根据上述燃气管网熵模型，结合环状管网特点，建立对应的布局优化模型。

单气源燃气管网的优化模型如下：

$$\text{maximize } H=-\sum_{j=1}^{N}\frac{q_{j0}}{Q_0}\ln\frac{Q_{j0}}{Q}+\sum_{j=1}^{N}\frac{q_{j0}}{Q_0}\ln L_j \tag{4.34}$$

$$\text{s.t.}\qquad de_j\geqslant 2 \tag{4.35}$$

多气源燃气管网的优化模型如下：

$$\text{maximize } H=-\sum_{j=1}^{N}\frac{q_{j0}}{Q_0}H_j+\sum_{j=1}^{N}\frac{q_{j0}}{Q_0}\ln\frac{q_{j0}}{Q_0} \tag{4.36}$$

$$\text{s.t.}\qquad de_j\geqslant 2 \tag{4.37}$$

(4) 布局优化数学模型

环状管网的布局优化模型仍然包括物理模型和数学模型。其中物理模型同枝状管网，数学模型通过当量长度，结合了风险经济性和可靠性两个重要目标，利用惩罚系数法将多目标优化模型转换为单目标优化模型，表达式为

$$\min\{F_{\mathrm{h}}=\omega F-H\} \tag{4.38}$$

式中，F_h 表示综合目标函数；F 表示当量费用长度之和；H 表示系统最大熵；ω 表示惩罚系数，由 F 和 H 具体情况进行试算后确定。

4.2 枝状管网布局优化算法

本节主要将城市天然气管网抽象为点与边之间相连接的无向网络图，以枝状管网的入口点为起始点，将管网的当量费用长度作为布局优化数模的优化目标，最终寻找出一条从起始点经各用户的管网敷设路径。这类问题可应用图论中的最小生成树理论进行求解，常用的成熟理论包括 Kruskal 算法、Prim 算法、Steiner 算法和 Dijkstra 算法。下面以本书所采用的 Dijkstra 算法的基础理论和特点为例进行详细论述。

4.2.1 最小生成树

生成树是指简单图 $G=(V, E)$ 生成的特殊子图，很多实际应用均可归结为生成树或生成树个数方面的相关问题，可见生成树在图中的关键性。生成树包括两个主要性质：每个连通图均包含生成树；当且仅当 G 包含生成树时才可称为连通图。最小生成树为一包含 n 个节点的连通图的生成树，且为原图 G 的最小连通子图，并由原图包括的所有 n 个节点构成，同时满足连通图所含边最少的条件，如图 4.3 所示。

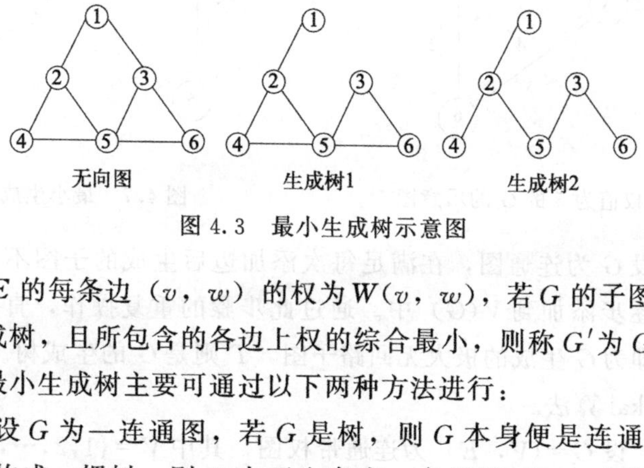

图 4.3　最小生成树示意图

网络图 G 中 E 的每条边 (v, w) 的权为 $W(v, w)$，若 G 的子图 G' 为包含 G 中所有节点的一颗生成树，且所包含的各边上权的综合最小，则称 G' 为 G 的权值最小的最小生成树。构造最小生成树主要可通过以下两种方法进行：

① 破圈法。设 G 为一连通图，若 G 是树，则 G 本身便是连通图 G 的一颗生成树。若 G 本身不构成一棵树，则 G 中至少存在一条回路 C；C 中任取的一条边 e 使 $G-e$ 构成连通图，则 $G_1=G-e$ 为连通图 G 的生成子图。若 G_1 不构成一棵树，则可重复上述过程，直至从最后的回路中去掉一边，使所得的图 T 为图 G 生成的一个没有回路存在的连通子图。此时即可认为 T 为 G 的一颗生成树。由于破坏回路的方法不同，可得出不同的生成树。但在求最小生成树时，为保证求得的生成树权值最小，在删除回路的边时需保证带权图仍处于连通的前提下删除边权较大的边，循环这一过程，直至连通图不含圈为止，剩下的边组成的图即为最小生成树。下面以图 4.4 为例对破圈法进行解释。

去除边权值大的边，检查去除边后的连通图是否仍连通，针对图 4.4 则为去掉边权值为 6 个边，如图 4.5 所示。

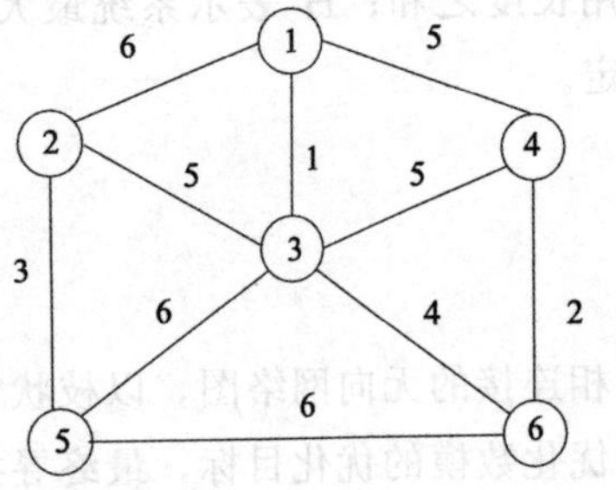

图 4.4　带权图

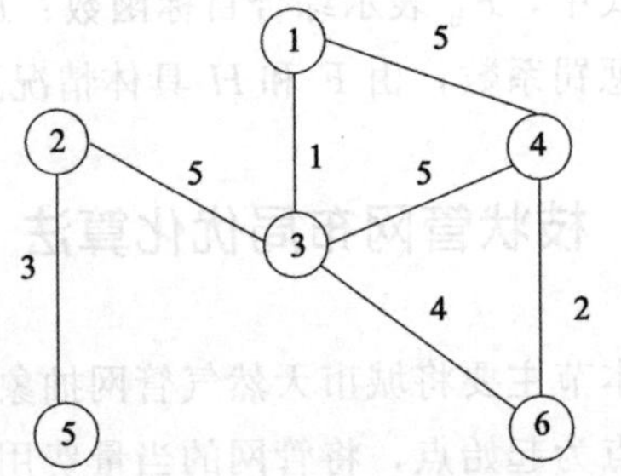

图 4.5　去掉边权值为 6 的 G 的示意图

由图 4.5 可知，去掉边权值为 6 的边后整个图仍为连通状态。然后按照上述破圈法原理去除边权值为 5 的边，同时检查去除后的图（图 4.6）是否为连通状态。去掉边权值为 5 的边后图 G 不连通，因而 $2\to3$；$c=5$ 这条边不能删除，去除边权值为 4 的边，也会造成图 G 不连通，故权值为 1、2、3、4 的边均为必须保留的独立节点，最后得到的最小生成树与图 4.7 相同。

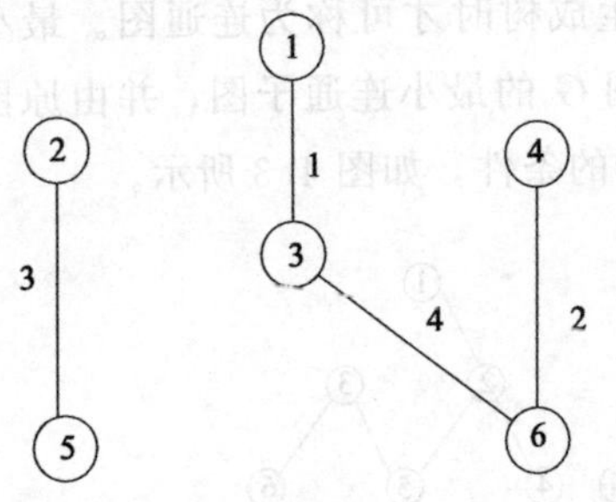

图 4.6　去掉边权值为 5 的 G 的示意图

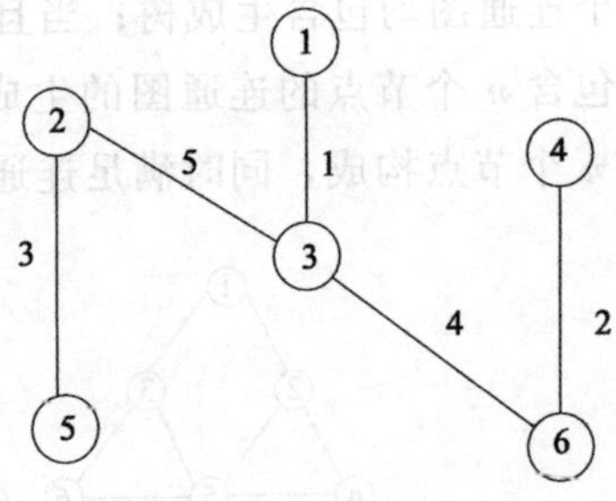

图 4.7　最小生成树示意图

② 避圈法。设 G 为连通图，在满足每次添加边后生成的子图不含回路的前提下，将 $E(G)$ 中的边逐步添加到 $V(G)$ 中。通过此步骤的重复操作，直至过程无法进行，所生成的子图 T 即为 G 生成的极大无回路子图，T 则是 G 的生成树。避圈法主要包括 Prim 算法和 Kruskal 算法。

a. Prim 算法。设 $G=(V, E)$ 为连通带权图，其中 $V=\{1,2,\cdots,n\}$。对应的 Prim 算法的基本思想为：先设 S[181] 且满足 S 是 V 的真子集，进而进行贪心选择（以 $i\in S$，$j\in V-S$ 和 c [i] [j] 最小边为前提，将顶点 j 添加进 S，重复此过程直至 $S=V$）。经过此过程可选取出所有边刚好能构成 G 的一颗最小生成树。仍以图 4.5 为例，对应的最小生成树的运行过程如下：

$1\to3$；$c=1$

$3\to6$；$c=4$

$6\to4$；$c=2$

$3\to2$；$c=5$

$2\to5$；$c=3$

最终生成的最小生成树与图 4.7 相同。

b. Kruskal 算法。同上设 $G=(V,E)$，且 $V=\{1,2,\cdots,n\}$。构成最小生成树的基本思想为：将 G 的 n 个顶点设为 n 个孤立连通的分支，从小到大对所有边进行排序；从第一条边依据每条边权值递增的原则开始检查每条边，并依据下述方法连接不同的两个连通分支。首先检查第 k 条边（v，w），若端点 v、w 分别为两个不同连通分支 T_1 和 T_2 的端点，则边（v，w）将 T_1 和 T_2 连成一连通分支；然后继续查看第 $k+1$ 条边，若端点 v 和 w 存在于当前的同一连通分支，则直接检查第 $k+1$ 条边；重复此过程，直至仅剩一条连通分支，则可得构成 G 的一颗最小生成树。仍以图 4.5 所示的带权图 G 说明生成最小生成树过程：

$$1\rightarrow 3;\ c=1$$

$$4\rightarrow 6;\ c=4$$

$$2\rightarrow 5;\ c=3$$

$$3\rightarrow 6;\ c=4$$

$$2\rightarrow 3;\ c=5$$

最终生成的最小生成树与图 4.7 相同。

综上所述，从空图开始将点分化后逐步加边得到最小生成树的 Prim 算法是一种近似求解算法，可以求解出大部分最小生成树问题的近似最优解，虽然理论上可以认为是很多种最小树算法的概况，但实际应用时却存在诸多问题。Kruskal 算法属于一种从空图开始的精确算法，每次均可求解出最优解，其不足在于对于规模较大的生成树问题求解速度较慢。从图 G 出发逐步破圈得到最小生成树的破圈法适合在图上进行求解，当图的规模较大时，可通过几个人在各子图上同时工作使其更加实用便捷。

4.2.2　算法选取

本节主要基于上节中介绍的最小生成树原理，对应用的具体算法进行详细说明。

Kruskal 于 1956 年提出 Kruskal 算法，其基本求解思路为：从图 G 中每次从未被选中的边集合中选出一条和已选边无法形成环，且当量长度（边权总和）尽可能最小的边，并将此边添加至已确定的边集 E，重复此循环过程，直到选定的边集总数为 $n-1$ 时（n 为管网网络图 G 的节点数），循环迭代结束。Prim 于 1957 年提出 Prim 算法，其求解思路为：首先从图 G 中任意选出一节点，从所有与此节点关联的边集中选取一条边权值最小的边，则此节点和边便组成一初始树；然后，在初始树的关联边集中选出一条边权值最小却不成环的边；最后循环操作第二步，第一步中确定的初始树逐步增大，直到所生成的树包含了图 G 中所有节点时，循环结束。上述两种求解算法基本思路表明，Kruskal 算法和 Prim 算法的特点主要表现为易操作性和易分析性，但两者均存在的缺陷为每次循环均需进行是否生成环的判断操作。

张希国教授于 1972 年提出主要针对规模较大的最小生成树模型的 Steiner 算法。此算法在求解最小生成树过程中需随时添加节点外的节点，因而仅适用于管网初始布局不定且管网对地理限制无严格要求的野外空阔区域的管网布局。城市燃气管网布局受周边环境影响极大，且初始布局无法随意变更，需在考虑道路、周边人员建筑情况和与其他管线和建筑物布局的安全净距的前提下确定管网的初始布局图。因此，此算法并不适合求解城市天然气管网的布局优化问题。

Dijkstra 于 1959 年提出一种基于标号法的 Dijkstra 算法，现已被广泛应用于图论中最短路径问题。其基本思路为：将组成图 G 的所有节点分成两个集合（U 和 S），集合 U 的组成节点为最短路径未确定的节点，集合 G 的组成节点为最短路径中已确定的节点；依据最短路径的长短距离依次把集合 U 中的节点组合加入集合 S，使得集合 S 包含由出发点出发可到达的所有节点。此算法的基本原理简单易懂，便于程序编写，同时具有较强的可应用性，可确定出任意两点间最短距离，以使最终的优化结果包含详细信息。

在图论中，Kruskal 算法是计算最小生成树的算法，而 Dijkstra 算法是计算最短路径的算法。两者看起来比较类似，因为假设全部顶点的集合是 V，已经被挑选出来的点的集合是 U，那么两者都是从集合 $V-U$ 中不断地挑选权值最低的点加入 U。两者的不同之处在于"权值最低"的定义不同，Kruskal 算法的"权值最低"是相对于 U 中的任意一点而言的，也就是把 U 中的点看成一个整体，每次寻找 $V-U$ 中与 U 的距离最小（也就是与 U 中任意一点的距离最小）的一点加入 U；而 Dijkstra 算法的"权值最低"是相对于 v_0 而言的，也就是每次寻找 $V-U$ 中与 v_0 的距离最小的一点加入 U。

一个可以说明不等价的例子是有四个顶点（v_0，v_1，v_2，v_3）和四条边且边值定义为$(v_0,v_1)=20$,$(v_0,v_2)=10$,$(v_1,v_3)=2$,$(v_3,v_2)=15$ 的图，用 Prim 算法得到的最小生成树中 v_0 跟 v_1 是不直接相连的，也就是在最小生成树中 v_0v_1 表示为 v_0-v_2-v_3-v_1，其距离是 27；而用 Dijkstra 算法得到的 v_0v_1 的距离是 20，也就是二者直接连线的长度。由于管网系统布局优化中关注的是所有选定管道的总长，因此选取 Kruskal 算法更符合实际工程。

4.2.3 算法实现

一个网络图可以有多个生成树，记 N 的所有生成树集合 $T=\{T_k \mid k=1,2,\cdots,L\}$，设 $T_k=(V,E_k)$是网络图 $G=(V,E,W)$的一棵树，则边集 E_k 中所有边的权数之和称为树 T_k 的权数，记为 $\omega(T_k)=\sum_{e\in E_k}\omega(e)$。若 $T^*\in T$，使 $\omega(T^*)=\sum_{T_k\in T}\{\omega(T_k)\}$，则称 T^* 为网络 N 的一棵最小生成树，本文利用 Kruskal 算法寻找出管网最优布局的最小生成树。Kruskal 算法是一个贪心算法，它每一次从剩余的边中选一条权值最小的边，然后加入一个边的集合。因为每一步加到森林中的都是权值最小的边。这条边要么连接两棵树，要么加到一棵树上，要么生成一棵新树。当所有的顶点都连接后停止。

调用方式为［TC］＝krusf(d，flag)。其中，d 为图的权值矩阵的一种表示方法，该矩阵每一列的 3 个数表示图上一条边的始点、终点和该边的权值；列数就是图上边的个数；T 表示生成树的边集合；C 表示生成树的权重或权重和。

4.3 环状管网布局优化算法

本节以单气源的环状管网布局优化模型为例，涉及的主要技术步骤包括：生成仅以数模中当量费用长度为优化目标的单环管网，此单环管网必须经过所有供气点即管网初始布局中的所有节点；以生成的当量费用长度最小的单环为基础，在管网初始布局的剩余管段中寻找出使得管网熵最大熵的管段组合，即确定出使得布局优化模型目标函数最小的多个管网环状布局。以上主要两步骤中算法设计的关键难点主要有以下3点：当量费用长度最小的单环的确定；满足总目标函数最小的单环外其他管段的组合优选；管网最大熵计算时路径数的确定。下面对这3个难点的算法设计进行详细论述。

4.3.1 ACO算法

当量长度最小的通过管网中各节点的单环的生成类似于旅行商问题（traveling salesman problem，TSP）。TSP是图论领域非常著名的研究问题，也称为旅行推销员或旅行售货员问题，也是数学领域研究的热点问题，可形象地理解为：一旅行商人拜访 n 个城市需确定出所需经过的路径，同时必须满足每个城市只能经过一次，最后重新回到刚开始出发的起点城市，且所经过的路径长度总和为所有可行路径总路程中最小。城市天然气管网中的节点即为TSP中的城市，节点间敷设管段的当量长度可视为城市间的路径总长，管网的单环优化即可认为是从气源节点出发，访问剩余的所有节点一次后重新回到气源点，使得敷设管网的当量长度最小。TSP是一个NP-hard难题，很难在有限时间内求解出精确解，通常只能采用智能算法求出近似最优解。本节采用了一种称为蚁群算法（ant colony optimization，ACO）的现代仿生智能算法求解当量长度最小的单环问题。

（1）ACO数学模型

Dorigo教授于1991年提出具有强大的容错性和并行计算能力的ACO。该算法思想源自蚂蚁群体的觅食活动，是一种可以用来解决多维动态的组合优化问题，已用于解决很多工程领域的各种优化问题。

为了便于阐述ACO数学模型，对所用符号说明如下。设节点 i 的蚂蚁数量为 $b_i(t)$，(i,j) 路径的信息量为 $\tau_{ij}(t)$，TSP的大小用 n 表示，蚂蚁总数量用 m 表示，则有 $m=\sum_{i=1}^{n}b_i(t)$；$\mathsf{T}=\{\tau_{ij}(t)\,|\,c_i,c_j\subset C\}$，为时刻 t 对应的集合 C 中节点连接 L_{ij} 残留的信息量集合。初始时所有路径的信息量相等，即 $\tau_{ij}(0)=$常数。蚂蚁 $k(k=1,2,\cdots,m)$ 按照各路径对应的信息量大小确定出运动方向。$P_{ij}^k(t)$ 表示 t 时刻蚂蚁 k 从节点 i 移至节点 j 所对应的状态转移概率。

$$P_{ij}^k(t)=\begin{cases}\dfrac{[\tau_{ij}(t)]^\alpha[\eta_{ik}(t)]^\beta}{\sum\limits_{s\subset A_k}[\tau_{is}(t)]^\alpha[\eta_{is}(t)]^\beta} & j\in A_k\\ 0 & \text{其他}\end{cases}\tag{4.39}$$

式中，$A_k=\{C-T_k\}$ 表示蚂蚁 k 下一次移动时可选取的节点，$T_k(k=1,2,\cdots,m)$ 表示蚂蚁 k 已遍历的节点；α 表示该轨迹与其他轨迹相比重要性大小的信息启发因子；β 表示与其他能见度相比重要性大小的期望启发因子；$\eta_{ij}(t)$ 为启发函数，其数学表达式为

$$\eta_{ij}(t)=\frac{1}{d_{ij}} \tag{4.40}$$

式中，d_{ij} 为两连接节点间的距离。

值得注意的是：当单个蚂蚁经过一节点或所有节点后，需及时更新残存信息；若未进行更新，启发信息将会被过多残存信息掩盖。Dorigo 总结出的 3 种信息素更新模型为：Ant-Cycle 模型、Ant-Quantity 和 Ant-Density 模型。结合研究所针对的管网对象，本书采用 Ant-Cycle 模型，$t+n$ 时，(i,j) 路线上的信息量将按如下公式进行修正。

$$\tau_{ij}(t+n)=(1-\rho)\tau_{ij}(t)+\Delta\tau_{ij}(t) \tag{4.41}$$

$$\Delta\tau_{ij}(t)=\sum_{k=1}^{m}\Delta\tau_{ij}^{k}(t) \tag{4.42}$$

$$\Delta\tau_{ij}^{k}(t)=\begin{cases}\dfrac{Q}{L_k} & \text{第 } k \text{ 只蚂蚁在本次循环中经过}(i,j)\\ 0 & \text{其他}\end{cases} \tag{4.43}$$

式中，ρ 表示信息素蒸发系数，$\rho\subset[0,1]$；$\Delta\tau_{ij}(t)$ 表示在循环路线 (i,j) 中所增加的信息素，$\Delta\tau_{ij}(0)=0$，表示初始时刻；$\Delta\tau_{ij}^{k}(t)$ 表示第 k 个蚂蚁在循环中的路径 (i,j) 上的信息量；Q 表示信息素的大小；L_k 表示第 k 个蚂蚁在循环过程中所经过的路线总长。

(2) ACO 流程图

针对本研究讨论的 TSP 模型采用的 ACO 的实现步骤如图 4.8 所示。

① 蚁群算法中基本参数的初始化。初始时刻 t 和初始迭代次数 N 均设为 0，最大迭代次数设为 $N_{\max}$，将置于 n 个节点上的蚂蚁设为 m 个，同时图中各边 (i,j) 的信息量 $\tau_{ij}(0)$ 初始化为常量，且初始时刻的信息素增量 $\Delta\tau_{ij}(0)$ 为 0。

② 循环的次数为 $N\to N+1$。

③ 蚂蚁禁忌表索引号初始值 $k=1$。

④ 蚂蚁 $k\to k+1$。

⑤ 每个蚂蚁状态都依据公式(4.39) 计算出状态转移概率，以此确定节点 j 并前进。其中 $j\in\{C-T_k\}$。

⑥ 禁忌表修改操作。将蚂蚁移至新选择的节点，并将此节点移至进蚂蚁的禁忌表序列；通过选择确定新节点后将蚂蚁移至该节点。

⑦ 若未遍历到集合 C 中的节点，即 $k<m$ 时，执行步骤④，否则执行步骤⑧。

⑧ 根据公式 (4.41) 和公式 (4.43) 对各路径的信息量进行更新处理。

⑨ 若迭代次数达到 $N\geqslant N_{\max}$，则运行结束，程序输出所得的优化结果；若迭代次数未达到最大值，则清空禁忌表并返回步骤②重新开始下一次迭代计算过程。

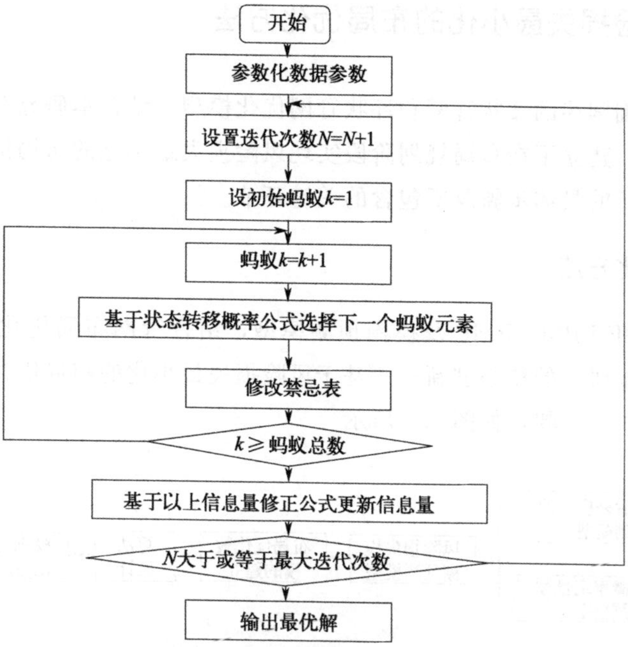

图 4.8　ACO 算法流程图

(3) ACO 参数设计

蚁群算法中对求解效率和性能起着重要影响的主要因素包括如下关键基本参数：残留因子 $1-\rho$、蚁群数量 m、期望启发因子 β、启发因子 α、信息素强度 Q，选取原则和方法直接影响算法效率及其收敛性。上述参数间强大的关联性和可选空间使得参数的最优组合很难确定，目前还没有可靠理论可作为选择依据，通常依靠编程者主观经验确定。通过多次试算，本节 Ant-Cycle 模型的最佳参数组合为：$0\leqslant\alpha\leqslant5$；$0\leqslant\beta\leqslant5$；$0.1\leqslant\rho\leqslant0.99$；$10\leqslant Q\leqslant10000$。

4.3.2　GA 的组合优选

基于上述 ACO 确定的最优单环管网，利用遗传算法对剩余管段进行优化取舍。具体实现步骤的部分关键程序见附录 E。

4.3.3　路径数的确定

布局优化数模中的最大熵项的关键问题是确定出燃气管网气源点到某节点的路径数，利用完全关联矩阵通过编程可计算出所需路径树。其中完全关联矩阵的详细介绍见 5.2.1 节。另外，此完全关联矩阵建立的前提需假设管网中燃气的流向，NL_j 则等于关联矩阵 $\boldsymbol{A}$ 中 j 节点对应的行中等于 1 的 a_{ij} 个数的总和，步骤实现的关键程序见附录 E。

4.4 基于风险损失最小化的布局优化方法

基于上述详细阐述的枝状管网和环状管网优化模型，结合本研究针对的风险损失最小化布局的目的，建立了在布局规划阶段实现风险损失最小化的布局优化方法，并详细论述了此方法涉及的具体步骤及所包含的关键环节。

4.4.1 布局优化方法

运用上述 RBF-FPM、FMF 及模糊预测模型，结合管网布局优化模型及编制的求解算法，构建了本研究的核心创新——基于风险损失最小化的布局优化方法。本节详细阐述了此方法的具体步骤，如图 4.9 所示。

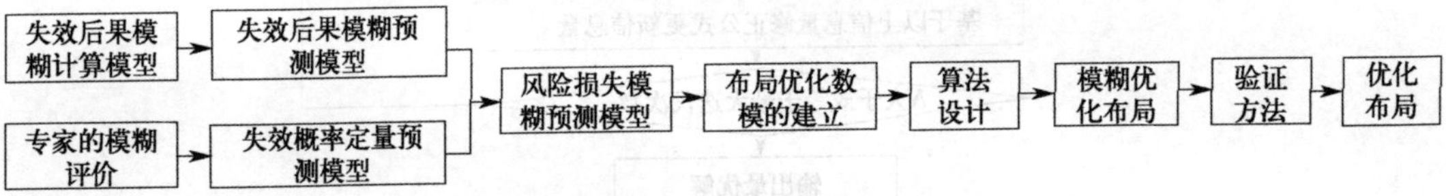

图 4.9　基于风险损失最小化的布局优化方法

① 失效后果模糊计算模型的建立。基于熵权法综合评价的土壤腐蚀等级划分与失效后果等级划分这两个等级划分的基本理论，通过反复试验发现两者之间具有的内在关系，以此建立 FMF。此部分分析过程详见 3.1 节。

② 失效后果模糊预测模型。基于失效后果模糊计算模型建立失效后果模糊预测模型，通过统计学分析确定自变量可行组合，并通过非线性拟合、线性回归和神经网络 3 种预测方法对其进行预测模型研究；应用 3 种方法中误差最小的三种预测模型对一实例的失效后果经济损失进行模糊预测；结合上述建立的失效后果模糊计算模型，将预测所得的失效后果模糊预测值转换成土壤腐蚀等级数值，并将其与基于熵权法综合评价取得的理论土壤腐蚀等级数值进行对比分析，最终证明 BP 神经网络失效后果模糊预测模型精度最高，同时也证明了所建立的失效后果模糊计算模型的可行性和正确性，从而成功建立了土壤腐蚀成分与失效后果经济损失之间的内在模糊关联，开创了可以在布局规划阶段进行失效后果预测的首例。虽然此预测模型不是 100%精确，但最大 25%以内的误差范围足以用来解决本书所提出的新问题，即在规划阶段实现风险损失最小化的布局优化。此部分详见 3.2 节和 3.3 节。

③ 专家的模糊评价。运用故障树分析方法和专家模糊评价计算方法，计算出基本事件失效概率，进而确定基于故障树分析法的失效概率值。此理论计算过程详见 2.1 节。

④ 失效概率定量预测模型。通过对失效因素进行详细分析，选取可在规划阶段予以确定的 92 个失效因素作为自变量，步骤③中确定的理论失效概率值为因变量，应用 RBF 神经网络预测模型建立以 92 个失效因素为自变量、失效概率为因变量的预测模

型，并通过实例及 BP 神经网络、RBF 神经网络和理论失效概率之间的对比分析，验证所建立的 RBF 神经网络 RBF-FPM 的正确性和实用性。此部分详见 2.2 和 2.3 节。

⑤ 风险损失模糊预测。此环节的主要任务是基于上述建立的失效概率和 FPF，根据风险损失计算公式，建立风险损失模糊预测模型。此部分详见 3.3.4 节。

⑥ 布局优化数模的建立。此步骤主要运用上述建立的两个预测模型，依据枝状和环网管网的特点，构建可在规划阶段实现风险损失最小化的布局优化数模，并对其进行详细说明。此部分详见 4.1 节。

⑦ 算法设计。针对上述建立的布局优化数模，编制相应的求解算法；通过各种算法的对比分析，最终确定枝状管网的最小生成树算法和环状管网的 GA 和 ACO 算法，并对算法设计和实现过程进行详细论述。此部分详见 4.2 节和 4.3 节。

⑧ 模糊优化布局。运用构建的布局优化模型及编制的求解算法，确定出风险损失模糊预测值最小的模糊优化布局。此部分详见 5.3 节和 6.3 节。

⑨ 验证方法。针对上述步骤确定的新优化布局，因无实测数据和可供对比的已有理论，所以需建立新的验证方法，以分析 RFV 最小的新布局对应的风损最小的正确性。验证方法涉及的关键步骤详见第 5 章。

⑩ 优化布局。运用上述验证步骤，证明 RFV 最小的模糊优化布局确实是 TRC 值最小的风险损失最小化布局，最终确定出风险损失最小化的优化布局。

4.4.2 关键环节

此布局优化方法的关键环节主要包括：当量费用长度的确定和验证方法的设计。前者主要是指运用风险损失模糊预测模型对当量费用长度进行设计，以实现在规划阶段最小化风险损失的目的。后者主要指对 RFV 最小的新布局进行验证的对比分析方法设计。由于目前不存在风险损失最小化的布局方案，也没有相应的在规划阶段对运行期风险损失进行最小化的布局优化方法，致使无法收集到可与本书新布局进行对比的实测数据或理论数据，因此需将无理论可依的新问题转换成有理论可寻的常规问题，以便应用常规验证方法进行对比分析。

(1) 当量费用长度的确定

管网布局优化通常是以管道总长作为优化目标，即常规优化中的布局优化。实际上，管网敷设路径的经济效益不仅由管长决定，管长只是决定基本的投资成本和运行成本的关键因素，对于管网运行期各种失效因素造成的风险损失并不能起到决定性作用，由于运行期各种风险因素导致的管道泄漏造成的经济损失包括人员伤亡和环境破坏等多种失效模型（详见 3.1 节）。人员伤亡和环境破坏造成的经济损失主要由管道周围的环境决定，由于造成管道发生风险的因素主要是泄漏，而泄漏产生的主要影响因素是腐蚀或第三方破坏，因此本书首次尝试将土壤成分作为自变量，失效概率和失效后果经济损失作为因变量建立预测模型。通过与传统理论获得的土壤腐蚀等级进行对比分析以验证失效后果模糊计算模型的正确性。运用风险损失模糊预测值对当量费用长度进行设计，实现在管网布局规划阶段预测运行期风险损失成本，以便在建设动工前设计出风险损失最小的优化布局。

当量费用长度的设计主要依据建立的风险损失模糊预测模型，其关键步骤是自变量和因变量的确定，以及预测模型的选取、实现和验证，详见第3章。当量费用长度的表达式如下：

$$L_{wij}=W_{ij}L_{ij} \tag{4.44}$$

式中，L_{wij} 为当量费用长度，km；i、j 为连接节点号；W_{ij} 为 i、j 两连接节点间管段对应的边权值，失效概率预测值与失效后果模糊预测值的乘积；L_{ij} 为管段对应的实际管道长度，km。

(2) 验证方法的设计

本书提出的布局优化方法针对的是在燃气行业被认可的亟待解决的新难题。由于没有在规划期最小化风险损失的管网布局，也没有可供对比的已有理论方法，因此无法获取此问题对应的实测数据和理论数据，无法采用与实测传统方法进行对比分析的传统验证方法。当然，运用本书布局优化方法确定出的优化布局，通过采集对应的实际运行数据，并详细记录20年甚至更长时间发生的风险损失数值，从而采用与实际数据对比的验证方法，但此方法需要很长时间作为前提条件，因此无法在短期予以实现。综上所述，需通过建立一种新的验证方法来实现合理的对比验证，以完善所构建的布局优化方法。

验证方法的设计主要依据管网常规优化中的参数优化和管网运行期间的 TRC 计算理论。其中的风险损失成本传统计算步骤如图 4.10 所示。

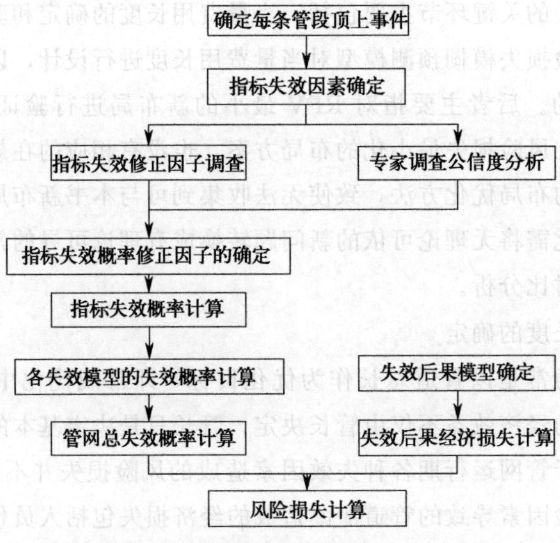

图 4.10 风险损失成本传统计算步骤

4.5 本章小结

本章详细分析枝状管网和环状布局优化的特点，依据布局优化理论基础，枝状和环状管网的特点及物理模型，运用 RFV 对当量费用长度进行设计，针对枝网和环网分别提出可在布局规划阶段实现风险损失最小化的优化布局数学模型，建立可以最小化 RFV 的布局优化模型，结合图论中最小生成树和智能算法中的 ACO 和 GA，利用 Matlab 编写可行程序，构建完整的布局优化方法，对枝状管网和环状管网的布局优化模型进行求解，再通过验证环节的设计，建立在布局规划阶段最小化风险损失的布局优化方法，并对涉及的关键步骤进行详细阐述。

第5章

风损最小优化布局的验证方法

为验证基于风险损失最小化的布局优化方法的正确性和可行性，本章利用参数优化和风险评价技术提出一种验证方法。此验证方法不是与已有理论或实测结果进行简单的对比分析，而是通过将无理论可循的新问题转换为有理论可依的传统问题，从而实现有理可循的验证环节。下面详细论述验证方法中涉及的关键步骤，包括参数优化和 TRC 计算，并利用一中压环网实例对验证方法的完整步骤进行演示。

5.1 验证方法

现有验证方法是将应用新理论所得的结果与传统理论或测试结果进行对比分析，以验证其正确性或高效性。文献［163］利用遗传算法搜索支持向量机模型参数，进而运用支持向量机回归预测确定 GA-SVR 耦合模型，并通过“预测结果的均方根误差较小和相关系数较大”表明模型预测结果与实际值较吻合。本书提出的布局优化方法针对本领域亟待解决的难题，以至于目前没有实施过在规划阶段进行风险损失最小化的布局方案，也就无法获取此问题的实测数据，且没有解决此问题的现有理论，因而无法应用上述与传统理论或实测数据进行对比分析的验证思路。

新方法的提出必须通过科学的验证环节证明其可行性，第 1 章和第 2 章中两种预测模型均采用了现有的传统验证方法，因此，本章提出一种基于现有参数优化和管道风险评价理论的验证方法。

5.1.1 对比验证

通常研究均采用与同一问题的理论结果或实测数据进行对比分析的传统验证方法，几乎没有针对新问题或新理论进行验证的通用验证方法。本书首先基于新布局优化结果，应用现有的参数优化理论，通过智能算法求解出参数优化模型的优化结果，再通过风险评价理论计算出风险损失结果；然后通过运用两种已有理论基础，求解出 TRC，与本书新布局优化方法求解出的 RFV 进行对比分析；接着应用参数优化和传统风险损失计算方法，计算出最短路径布局的 TRC 和综合成本，并与本书新布局的 RFV 和综合成本进行对比分析，最终验证 RFV 最小的优化布局确实是风险损失最小的优化布局，以此成功构建了可行验证方法。

戏剧中有句台词为“幸福均雷同，不幸却各有不同。”若将其用于本书所构建的基于风险损失最小化的布局优化方法，则可换个说法：针对同样布局运用不同理论或方法得到的正确结论应该是相同的，而错误则会因出现极大差异而导致出现五花八门的结论。所以将多种方法应用于同一布局取其相同结论的做法值得借鉴。综上所述，本书设计的对比验证方法主要思路为：首先将现有的参数优化理论应用于本书新布局优化方法确定的优化布局，然后在此基础上应用现有的风险损失计算原理计算出 TRC，最后通过同一布局的两种不同风险损失值的对比以完善验证环节。值得注意的是，为了完善验证结果，可通过建设本书新优化布局方案的管网系统，并统计其在运营期间的实际风险损失成本进行验证，不过此方法需以较长时间成本和极大资金成本为支撑。

5.1.2　验证流程

基于对比验证原则，本书建立的验证方法如图 5.1 所示。

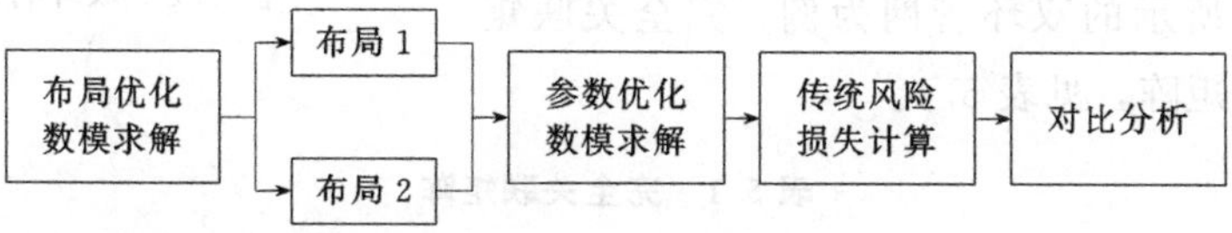

图 5.1　风险损失最小优化布局的验证方法

① 布局优化数模求解。运用布局优化验证环节前的步骤，通过当量费用长度的设计，调用编制的智能算法，求解出两种优化布局：

a. 基于 RFV 最小的优化布局简称风损最小布局（L1）；

b. 基于管网总长最小布局简称最短路径布局（L2）。

② 参数优化数模求解。基于上述步骤确定的两种布局，结合本书采用的参数优化数模和编制的 GA 算法，计算出两种布局分别对应的建造成本。

③ 传统风险损失计算。运用传统风险评价方法流程中的风险损失成本计算程序，根据两种布局对应的参数优化结果，计算出两种布局对应的 TRC。对应的计算表达式如下：

$$风险值(失效后果/时间)=失效概率(事故次数/单位时间)\times危险程度(失效后果/每次事故) \tag{5.1}$$

④ 对比分析。传统方法计算的风险损失成本值和模糊预测值相差很大是正确的，因为本书提出的并不是一个精确的风险损失定量计算模型，而是通过模糊预测值建立的在规划阶段实现风险损失最小的布局优化数模。通过对比 L1 的 RFV 和传统风险损失值，表明本书采用的布局优化方法确定的优化布局 L1 确实能使传统风险损失

成本最小，证明了本书提出的基于风险损失最小化的布局优化方法及确定的优化布局的正确性和可行性。

5.2 天然气管网参数优化

天然气管网参数优化主要是指以建造成本（建设成本和运行成本之和）为优化目标的参数优化。本节对参数优化模型涉及的基本概率、数学模型和应用的遗传算法进行了详细论述。

5.2.1 参数优化基本概念

（1）关联矩阵

对于包含 J 个节点和 P 条边的有向图，则表示有向图的 J 行 P 列完全关联矩阵的组成元素 a_{ij} 表示如下：

$$a_{ij}=\begin{cases}1 & \text{边 } j \text{ 和节点 } i \text{ 关联，且 } i \text{ 是边 } j \text{ 的终点}\\ -1 & \text{边 } j \text{ 和节点 } i \text{ 关联，且 } i \text{ 是边 } j \text{ 的始点}\\ 0 & \text{边 } j \text{ 和节点 } i \text{ 无关联}\end{cases} \tag{5.2}$$

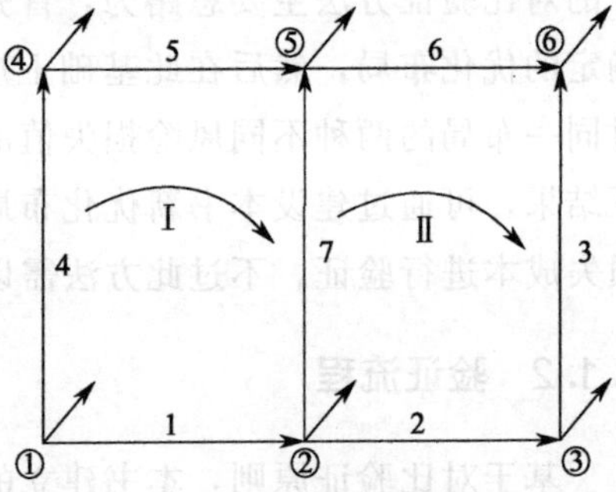

图 5.2 双环管网图

以图 5.2 所示的双环管网为例，完全关联矩阵为 6 行 7 列矩阵，见表 5.1。

表 5.1 完全关联矩阵

节点	管段						
	1	2	3	4	5	6	7
1	−1	0	0	−1	0	0	0
2	1	−1	0	0	0	0	−1
3	0	1	−1	0	0	0	0
4	0	0	0	1	−1	0	0
5	0	0	0	0	1	−1	1
6	0	0	1	0	0	1	0

表 5.1 中的每个节点对应一个“节点向量”，表示该节点和各边之间的连接关系。如节点 2 的节点向量为（1，−1，0，0，0，0，−1），其中第 3～6 个分量为 0，表示边 3～6 和节点 2 不相连接；而第 1 个分量为 1，表示边 1 与节点 2 相连接，且节点 2 为边 1 的终点；第 2 和 7 个分量为−1，表示边 2 和边 7 的始点均为节点 2。

有向图和关联矩阵是一一对应关系，有关联矩阵可以画出有向图，反之亦然。上述有向图的完全关联矩阵的特点为：每一列向量总包含一个 1 和一个−1，其他数均为 0。当完全关联矩阵去除其中任意一行元素时，剩余的矩阵仍然可以表示完整的有向图中边和节点之间的连接关系。从完全关联矩阵中删除的一行对应的节点为参考节点，删除参考节点对应的行向量剩余的矩阵为有向图的基本关联矩阵 $\boldsymbol{A}$（或称关联矩阵）。通常将城市燃气管网的气源点或配气站选作参考节点。

如图 5.2 所示的双环管网，若选节点 1 为参考节点，去掉节点 1 对应的行向量后，完全关联矩阵即转换为如下的基本关联矩阵。

$$\boldsymbol{A}=\begin{bmatrix}1 & -1 & 0 & 0 & 0 & 0 & -1\\0 & 1 & -1 & 0 & 0 & 0 & 0\\0 & 0 & 0 & 1 & -1 & 0 & 0\\0 & 0 & 0 & 0 & 1 & -1 & 1\\0 & 0 & 1 & 0 & 0 & 1 & 0\end{bmatrix} \tag{5.3}$$

根据线性代数矩阵秩的计算公式可知，完全关联矩阵与基本关联矩阵的秩均为 $J-1$，即基本关联矩阵 $\boldsymbol{A}$ 为行向量线性相关的满秩矩阵。基于上述关联矩阵即可建立管段流量与节点流量之间的数学表达式。如图 5.2 所示的双环管网，设各管段流量分别为 Q_1，Q_2、…、Q_7，节点 1 为参考节点，基本关联矩阵见式(5.3)，则

$$\overline{\boldsymbol{Q}}=(Q_1,Q_2,\cdots,Q_7)^{\mathrm{T}} \tag{5.4}$$

$$\overline{\boldsymbol{q}}=(q_1,q_2,\cdots,q_6)^{\mathrm{T}} \tag{5.5}$$

则矩阵右乘 $\overline{\boldsymbol{Q}}$ 可得

$$\boldsymbol{A}\overline{\boldsymbol{Q}}=\begin{bmatrix}1 & -1 & 0 & 0 & 0 & 0 & -1\\0 & 1 & -1 & 0 & 0 & 0 & 0\\0 & 0 & 0 & 1 & -1 & 0 & 0\\0 & 0 & 0 & 0 & 1 & -1 & 1\\0 & 0 & 1 & 0 & 0 & 1 & 0\end{bmatrix}\begin{bmatrix}Q_1\\Q_2\\Q_3\\Q_4\\Q_5\\Q_6\\Q_7\end{bmatrix}=\begin{bmatrix}Q_1-Q_2-Q_7\\Q_2-Q_3\\Q_4-Q_5\\Q_5-Q_6+Q_7\\Q_3+Q_6\end{bmatrix} \tag{5.6}$$

上式右边列向量对应的各元素即为除参考节点外其余各节点的节点流量。如图 5.2 双环管网中的节点 2，基于管网的连续性条件可知

$$Q_1=Q_2+Q_7+q_2$$

即

$$Q_1-Q_2-Q_7=q_2 \tag{5.7}$$

(2) 回路矩阵

仍然依据上述双环管网对回路矩阵进行说明。图 5.2 中取Ⅰ和Ⅱ为两个基本回路（Ⅰ包含边 1、7、5、4，Ⅱ包含边 2、3、6、7），且假定基本回路（环）方向是顺时针方向，则包含 L 个基本回路（环）和 P 条边的有向图对应的包含 L 行 P 列的回路矩阵中的元素 b_{ij} 表示如下，且回路矩阵如表 5.2 所示。

$$b_{ij}=\begin{cases}1 & \text{边 } j \text{ 在环上，且方向和基本回路相同}\\-1 & \text{边 } j \text{ 在环上，且方向和基本回路相反}\\0 & \text{边 } j \text{ 不在基本回路 } i \text{ 上}\end{cases} \tag{5.8}$$

表 5.2 回路矩阵

环	管段						
	1	2	3	4	5	6	7
Ⅰ	−1	0	0	1	1	0	−1
Ⅱ	0	−1	−1	0	0	1	1

回路矩阵的形式可表示为

$$\boldsymbol{B}=\begin{bmatrix}-1 & 0 & 0 & 1 & 1 & 0 & -1\\ 0 & -1 & -1 & 0 & 0 & 1 & 1\end{bmatrix} \tag{5.9}$$

回路矩阵 $\boldsymbol{B}$ 的行表示回路由哪几条边组成及对应的方向，其中第 j 列表示第 j 条边所属环号。通常平面管网系统中每条边最多属于两个环，则回路矩阵 $\boldsymbol{B}$ 中的列向量中非零元素最多有 2 个且为异号。如式(5.9) 中第 7 列表示管段 7 为Ⅰ和Ⅱ的共有管段。

由线性代数计算秩的公式可知回路矩阵 $\boldsymbol{B}$ 的秩为 L，即回路矩阵 $\boldsymbol{B}$ 为满秩矩阵。其作用类似于基本关联矩阵，即可将管段上的压力损失 $\boldsymbol{h}=(h_1, h_2, \cdots, h_7)^{\mathrm{T}}$ 转换为回路上压力损失的代数和，表示如下：

$$\boldsymbol{B}\bar{\boldsymbol{h}}=\begin{bmatrix}-1 & 0 & 0 & 1 & 1 & 0 & -1\\ 0 & -1 & -1 & 0 & 0 & 1 & 1\end{bmatrix}\begin{bmatrix}h_1\\ h_2\\ \cdot\\ \cdot\\ \cdot\\ h_7\end{bmatrix}=\begin{bmatrix}-h_1+h_4+h_5-h_7\\ -h_2-h_5+h_6+h_7\end{bmatrix} \tag{5.10}$$

由上式乘积可知，乘积元素实际为各基本回路对应的压力损失的代数和，基于管网能量方程可得

$$\boldsymbol{B}\bar{\boldsymbol{h}}=\boldsymbol{0} \tag{5.11}$$

则有

$$\boldsymbol{B}\bar{\boldsymbol{h}}=\begin{bmatrix}-h_1+h_4+h_5-h_7\\ -h_2-h_5+h_6+h_7\end{bmatrix}=\begin{bmatrix}0\\ 0\end{bmatrix} \tag{5.12}$$

上式即为管网能量平衡方程的矩阵形式。

(3) 稳态方程（p50）

由于本书讨论的是管网优化，属于管网稳态计算范畴，因此对建立管网的参数优化模型涉及的 3 个基本稳态方程做简单介绍。

① 节点方程。节点方程通常指节点流量连续性方程，表示连接节点的所有管段流量的代数和等于零，矩阵形式如下：

$$\boldsymbol{A}\bar{\boldsymbol{Q}}=\bar{\boldsymbol{q}} \tag{5.13}$$

式中，$\boldsymbol{A}$ 为管网图对应的基本关联矩阵；$\bar{\boldsymbol{Q}}=(Q_1, Q_2, Q_j, \cdots, Q_p)^{\mathrm{T}}$，$Q_j$ 表示管段 j 对应的流量，且 $j=1, 2, \cdots, p$；$\bar{\boldsymbol{q}}=(q_1, q_2, q_i, \cdots, q_M)^{\mathrm{T}}$，$q_i$ 表示节点 i 对应的节点流量且 $i=1, 2, \cdots, M$。

式(5.13) 即为基尔霍夫第一定律，即节点方程。

② 回路方程。回路方程通常指能力方程或环方程，表示环中各管段对应的压力损失的代数和为零，矩阵形式如下：

$$\boldsymbol{B}\bar{\boldsymbol{h}}=\mathbf{0} \tag{5.14}$$

式中，$\boldsymbol{B}$ 为管网图对应的基本关联矩阵；$\bar{\boldsymbol{h}}=(h_1, h_2, \cdots, h_j)^{\mathrm{T}}$，$h_j$ 表示管段 j 对应的压力损失，且 $j=1, 2, \cdots, p$；$\mathbf{0}$ 表示 $\mathbf{0}$ 向量，即 $0=(0, 0, \cdots, 0)^{\mathrm{T}}$。式(5.14) 即为基尔霍夫第二定律，即回路方程。

③ 压降方程。管段流量 Q 与压力损失（压降）之间的关系如下式所示。

$$h=RQ^{2-m} \tag{5.15}$$

式中，R 为管内摩阻系数、流体物性、管内径和管长有关的系数；m 为流态指数，$m=0\sim1$。若管道中流态属于阻力平方区，则 $m=0$，上式可转换为

$$h=RQ^2 \tag{5.16}$$

设 $S=2-m$，则式(5.15) 转换为

$$h=RQ^S \tag{5.17}$$

上式的矩阵形式如下：

$$\bar{\boldsymbol{h}}=\begin{bmatrix} h_1 \\ h_2 \\ \cdot \\ \cdot \\ \cdot \\ h_p \end{bmatrix}=\begin{bmatrix} R_1Q_1^S \\ R_2Q_2^S \\ \cdot \\ \cdot \\ \cdot \\ R_pQ_p^S \end{bmatrix}=\begin{bmatrix} R_1 & & & \\ & R_2 & & \\ & & \ddots & \\ & & & R_p \end{bmatrix}(Q_1^S, Q_2^S, \cdots, Q_p^S)^{\mathrm{T}}=\bar{\boldsymbol{R}}\bar{\boldsymbol{Q}} \tag{5.18}$$

式中

$$\bar{\boldsymbol{R}}=\begin{bmatrix} R_1 & & & \\ & R_2 & & \\ & & \ddots & \\ & & & R_p \end{bmatrix} \tag{5.19}$$

$$\bar{\boldsymbol{Q}}=(Q_1^S, Q_2^S, \cdots, Q_p^S)^{\mathrm{T}} \tag{5.20}$$

式(5.18) 即为压降方程。

5.2.2 参数优化数模

管网的水力计算指的是在已知管径、管道摩阻系数、管长、控制点压力和节点流量的条件下，求解管网的实际流量和压力。而管网参数优化的目的是在满足用户所需流量和压力等约束条件下，确定一定年限内管网建造费用与运行管理费用之和最小的管道直径与节点压力。环状管网优化设计研究的难点在于流量优化分配问题。基于现有经济指标可知流量的优化分配问题是严格凹规划问题，最优解在约束域边界出现，且会出现较

多局部最优解。当环状管网的管段流量及管径没有下限约束时，流量分配的结果可能会出现某些管段流量为零，以使环状管网变为枝状管网，或者虽然仍为环状管网形式，但流量和管径分布也明显变为树枝状。基于此，本研究的环网和枝网的参数优化均是基于流量已分配进行分析讨论，即当流量已分配时，管段流量 q_i 已知，以期优化出各管段的摩阻损失 h_i，进而求出管径 D_i。由于实际管网系统设置的差异以致优化数模存在较大差异，以此便出现管网参数优化的不同课题，且对应的优化算法流程也就各不相同。

(1) 环状管网

管网设计通常须满足环路方程与节点方程表示的水力条件、用户对流量和压力的可靠性要求和费用最省的经济性这 3 个条件。基于经济性外的其他因素很难做出定量评价，管网的优化设计通常将经济性作为优化目标函数，而将其余水力和可靠性等条件作为约束方程。管网经济费用通常表示为建造费用与运行费用之和。输配站的建造费用在管网建造总费用中所占比例较小，不会影响到管网方案的经济必选，因而管网经济费用主要指的是管线费用，主要由管道材质、管径、当地施工条件与管长决定；运行费用通常包括输配站所耗费的电费、管道技术管理和检修等费用，其中电费为主要考虑的运行费用。

① 目标函数。管网优化设计需在满足约束条件的同时使一定年限内管网年费用(建造和经营费用之和) 折现值 W 最小。根据工程技术经济学原理，W 指简化的年费用的计算公式。假定投资为一次性投资，从第一年起每年的经营费用不变，即有如下表达式：

$$W=(A/F, I_c, n)C+M \tag{5.21}$$

等式右边第一项为管网对应的建造费用年折算值。其中，C 为管网建造总费用：

$$C=\sum(a+bD_i^{\alpha})L_i \tag{5.22}$$

式中，a、b、α 为管网相关的常数和指数系数，基于最小二乘法原理和当地统计数据确定；D_i 为管径值，m；L_i 为管长值，m。

$(A/F, I_c, n)$ 为投资回收系数：

$$(A/F, I_c, n)=\frac{I_c(1+I_c)^n}{(1+I_c)^n-1}$$

式中，I_c 为基准收益率，通常国内石油行业 I_c 取 12%；n 为计算期年限，通常为 20 年。

等式右边第二项 $M=M_1+M_2$，为经营费用。其中，M_1 为动力费用，即电费：

$$M_1=\frac{8400\rho E}{102\eta}QH_p \tag{5.23}$$

式中，ρ 为油品密度，kg/m^3；E 为电价，元/(kW·h)；Q 为输入管网总流量，m^3/s；H_p 为门站扬程，m；η 为输油站效率，%。

M_2 为大修与管理费用，计算时通常为

$$M_2=pC$$

式中，p 为不包括折旧费率的大修理和管理等费用的提存率。

由于

$$D_i=(kq_i^{-1}h_i^{-1}L_i)^{\frac{1}{m}} \tag{5.24}$$

$$H_p=\left(H_0+\sum_{i\in\mu}h_i\right) \tag{5.25}$$

式中，H_0 为静水压力；μ 为从控制点到门站的选定线路上包括的管段集合；$\sum_{i\in\mu}h_i$ 为选定线路上的摩阻损失和。

将以上各式代入式(5.22) 整理后可得

$$W=[(A/F,I_c,n)+p]\sum bk^{\frac{\alpha}{m}}q_i^{\frac{n\alpha}{m}}h_i^{\frac{\alpha}{m}}l_i^{\frac{m+\alpha}{m}}+\frac{8400\rho E}{102\eta}Q\left(H_0+\sum_{i\in\omega}h_i\right) \tag{5.26}$$

以不影响经济比较为前提，取式(5.26) 中变数部分为管网优化设计目标函数 W_0，且设 $\xi=(A/F,I_c,n)$，$P=\dfrac{8400\rho E}{102\eta}$，$n=2$，则

$$W_0=(\xi+p)\sum bk^{\frac{\alpha}{m}}q_i^{\frac{n\alpha}{m}}h_i^{\frac{\alpha}{m}}l_i^{\frac{m+\alpha}{m}}+PQ\sum_{i\in\mu}h_i \tag{5.27}$$

上式即为增压式单源管网的目标函数。若为多源管网，设多源集合为 S，则相应的目标函数表达式如下：

$$W_0=(\xi+p)\sum bk^{\frac{\alpha}{m}}q_i^{\frac{n\alpha}{m}}h_i^{\frac{\alpha}{m}}l_i^{\frac{m+\alpha}{m}}+\sum_{\phi\in S}P_\phi Q_\phi\left(\sum_{\mu\in\mu_\phi}h_i\right) \tag{5.28}$$

② 约束条件。管网优化计算的约束条件包括水力约束、泵机组约束与流速和管径边界约束。

a. 水力约束。

$$\boldsymbol{A}\overline{\boldsymbol{q}}=\overline{\boldsymbol{Q}}$$
$$\boldsymbol{B}\overline{\boldsymbol{h}}=\boldsymbol{0}$$

式中，$\boldsymbol{A}$ 为管网基本关联矩阵；$\boldsymbol{B}$ 为管网回路矩阵；$\overline{\boldsymbol{Q}}$ 为节点流量向量，即$\overline{\boldsymbol{Q}}=(Q_1, Q_2, \cdots, Q_{M-1})^{\mathrm{T}}$；$\overline{\boldsymbol{q}}$ 为管段流量向量，即$\overline{\boldsymbol{q}}=(q_1, q_2, \cdots, q_N)^{\mathrm{T}}$；$\overline{\boldsymbol{h}}$ 为管段摩阻损失向量，即$\overline{\boldsymbol{h}}=(h_1, h_2, \cdots, h_N)^{\mathrm{T}}$。

b. 泵机组约束。门站中的泵站扬程 $H_{p,\phi}$ 需满足如下控制点压力要求：

$$H_{p,\phi}\geqslant H_{0,\phi}+\sum_{i\in\mu_\phi}h_i \text{ 且 } \phi\in S$$

式中，$H_{0,\phi}$ 为泵站 ϕ 的静扬程；μ_ϕ 为泵站 ϕ 至某控制点选定路线中的所有管段集合。

c. 边界约束。管内流速 V_i 和管径 D_i 的边界约束条件为

$$V_{i\min}\leqslant V_i\leqslant V_{i\max} \tag{5.29}$$

$$D_{i\min}\leqslant D_i\leqslant D_{i\max} \tag{5.30}$$

③ 优化数模。如图 5.3 所示的环状管网，管长分别为 L_1、L_2、L_3、L_4 和 L_5，管网总流量为 Q，起点 1 压力已知，求管网经济管径，

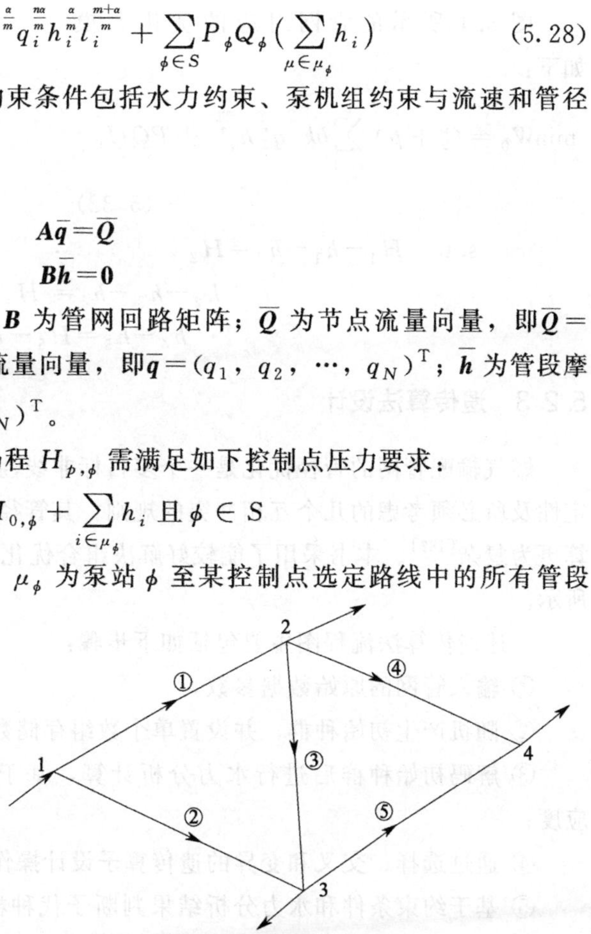

图 5.3　环状管网示意图

摩阻损失 h_1、h_2、h_3、h_4 和 h_5 以及经济流量 q_1、q_2、q_3、q_4 和 q_5。

图 5.3 所示的管网对应的优化数模如下：

$$\min W_0 = (\zeta + p)\sum_{i=1}^{5} bk^{\frac{\alpha}{m}} q_i^{\frac{2\alpha}{m}} h_i^{\frac{m+\alpha}{m}} + PQ(h_1 + h_4) \tag{5.31}$$

$$\begin{aligned} \text{s.t.}\quad & h_1 + h_3 - h_2 = 0 \\ & h_4 - h_3 - h_5 = 0 \\ & q_1 + q_2 - Q = 0 \\ & q_3 + q_4 - q_1 + Q_2 = 0 \\ & q_5 - q_2 - q_3 + Q_3 = 0 \end{aligned}$$

(2) 枝状管网

枝状管网优化的特点是管段流量分配已知且唯一，与上述流量已分配的环网优化计算类似。下面基于图 5.4 所示的枝状管网对优化模型进行说明。图中节点 0 为气源点，压力为 H_0，供气量为 Q。

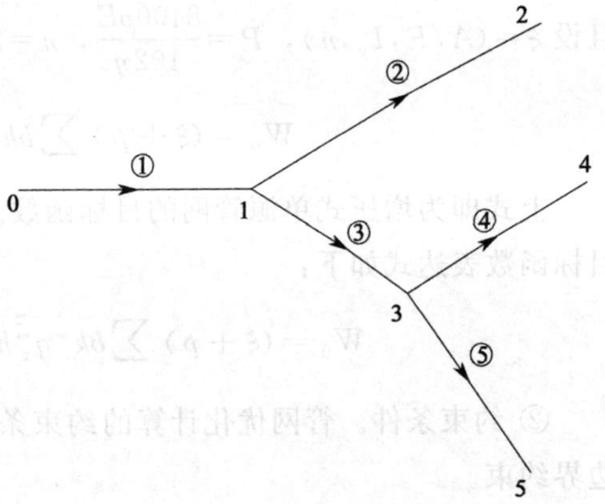

图 5.4 枝状管网示意图

图 5.4 所示的管网对应的优化数模如下：

$$\min W_0 = (\zeta + p)\sum_{i=1}^{5} bk^{\frac{\alpha}{m}} q_i^{\frac{2\alpha}{m}} h_i^{\frac{m+\alpha}{m}} + PQH_0 \tag{5.32}$$

$$\begin{aligned} \text{s.t.}\quad & H_1 - h_1 - h_2 = H_2 \\ & h_2 - h_3 - h_4 = H_4 - H_2 \\ & h_4 - h_5 = H_5 - H_4 \end{aligned}$$

5.2.3 遗传算法设计

燃气输配管网的管径优化是一个多目标非线性规划问题，环状管网由于流量的不确定性及所必须考虑的几个互相冲突的规则，其管径优化计算相比枝状管网的管径优化计算更为复杂[182]。本书采用了能较好解决组合优化问题的遗传算法，具体步骤如图 5.5 所示。

上述遗传算法流程图主要包括如下步骤：

① 输入管网的原始数据参数；

② 随机产生初始种群，并设置单个数组存储数据；

③ 解码初始种群后进行水力分析计算，基于适应度函数确定单个个体对应的适应度；

④ 通过选择、交叉和变异的遗传算子设计操作，产生子代种群；

⑤ 基于约束条件和水力分析结果判断子代种群是否满足迭代终止条件，并计算子代种群的适应度函数；

⑥ 若子代种群不满足适应度值变化率，会导致小于设定精度，则返回步骤⑤重新

产生子代种群及进行后续步骤；

⑦ 达到最大遗传代数或设定迭代精度时算法停止，输出结果。上述遗传算流程图中涉及的主要算法设计过程如下：

(1) 编码

基于二进制编码方式的遗传算法优化管径参数时，假设工程中有 y 种可选管径，一个标准管径可用长度为 x 且 2^x 不小于 y 的二进制编码表示。当 $y=9$ 时，表示选定 9 种规格标准管径，其中每个标准管径用 100 或 011 等 3 位二进制码表示，将此二进制码称为基因，则由 M 条管段构成的燃气管网包含 M 个管径，依据一定规则通过 M 个基因即可构成一条表示整个管网系统所有管径的染色体，但当 $2^x>y$ 时对应的 (2^x-y) 个二进制码表示无可选标准管径的一个无效基因。若标准管径 $y=9$，则可用 3 位二进制码表示一种规格的管径，即 $x=3$，此时仍剩余 1 个基因，即 2^3-7 个不能对应的管径。二进制码的编码空间大于管径优化参数空间产生的冗余性致使不可行的无效的优化设计计算方案增多。管网规模越大时管段数目会越多，以至于二进制码长度达到百位以上，使遗传算法难度增加，且在进行水力计算时对二进制码进行解码的计算量也会十分庞大。本书利用的整数编码设计可使得二进制编码数量大大减少，提高了整个算法的计算效率。若 M 个管段对应的燃气管网中第 i 个管段直径为$g_i=\{g_1, g_2, \cdots, g_M\}$，则 g_1，g_2，…，g_M 为一个染色体，每个 g_i 表示一个基因。染色体为燃气管网对应的一种管径组合，其中的基因代表选定的标准管径。若有 9 种可选标准管径，即 100mm、150mm、200mm、250mm、300mm、350mm、400mm、500mm 和 600mm，则整数编码的基因为 {1，2，3，4，5，6，7，8，9}，对应的 g_i 为 [1，7]。若选定的管网对应的管径组合方案为 {100，100，250，250，300，300，400，300，200}，则对应的整数编码为 {1，1，4，4，5，5，7，5，3}。此编码方式通过编码空间与参数空间的一一对应减少了初始种群自动生成过程中交叉与变异产生的无效解，以避免出现编码冗余降低计算效率。

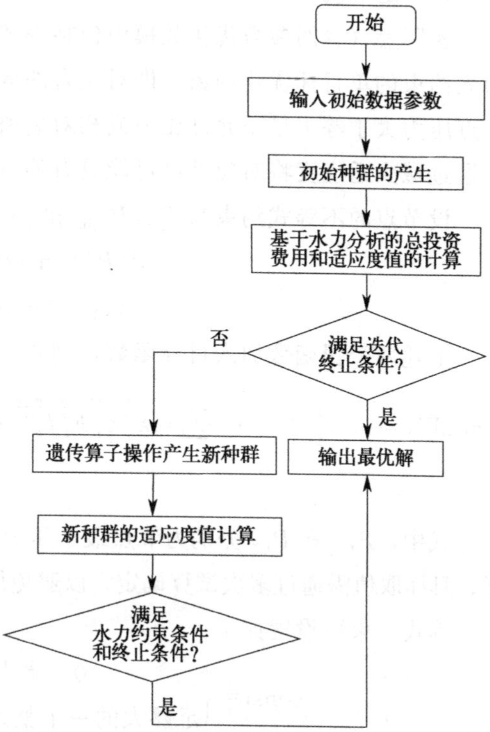

图 5.5　参数优化遗传算法流程图

(2) 初始群体表示

基于随机函数 rand（·）随机产生 N 个由所有管段对应的管径依据管段编号顺序连接组成的数字串个体组成的初始群体，每个初始群体为一个随机数，对应一种标准管径。调用次数为管网系统包含的管段数量，即产生 N 个体，只需重复 N 次 rand（·）操作即可，以生成所需的初始群体。

（3）适应度函数

实际燃气管网参数优化数模中包括等式和不等式约束，为了便于求解，需将其转化为无约束的单目标优化函数，即对包含的等式约束即如上所示约束条件和不等式约束如节点压力大于等于最小允许压力或相对熵值低于允许值这两种不等式约束利用惩罚函数法通过减少适应度将对应种群可能具有的有用遗传信息加以考虑。

设节点的不等式约束为 $P \geqslant P_{\min}$ 和 $\psi(\zeta) \leqslant \zeta_{\min}$，则可构造罚函数分别如下：

$$\theta(P)=\max(P-P_{\min},0) \tag{5.33}$$

$$\theta(\zeta_R)=\max(\zeta_{\min}-\zeta,0) \tag{5.34}$$

上述两个罚函数加入目标函数，则式(5.31)转换为

$$\min W_0=\min\left[(\xi+p)\sum\left(bk^{\frac{\alpha}{m}}q_i^{\frac{n\alpha}{m}}h_i^{\frac{\alpha}{m}}l_i^{\frac{m+\alpha}{m}}\right)+PQ\sum_{i\in\mu}h_i+P_{CP}\sum_{i=1}^{N}\theta_i(p)+P_{C\zeta}\theta(\zeta_R)\right] \tag{5.35}$$

式中，P_{CP} 和 $P_{C\zeta}$ 分别为节点最小压力和相对熵值两个环路约束条件对应的惩罚因子，具体取值需通过多次试算确定，以避免惩罚项的量级和原目标函数的费用项不匹配。

等式约束可设置如下：

$$\text{const}=\begin{cases}0 & \text{水力分析结果正确时}\\ \text{足够大的一个整数} & \text{水力分析结果不正确时}\end{cases}$$

则上述目标函数可转换为

$$\min W_0=\min\left[(\xi+p)\sum\left(bk^{\frac{\alpha}{m}}q_i^{\frac{n\alpha}{m}}h_i^{\frac{\alpha}{m}}l_i^{\frac{m+\alpha}{m}}\right)+PQ\sum_{i\in\mu}h_i+P_{CP}\sum_{i=1}^{N}\theta_i(p)+P_{C\zeta}\theta(\zeta_R)+\text{const}\right] \tag{5.36}$$

则构造的群体对应的适应度函数如下：

$$f=1/\min W_0=\min\left[(\xi+p)\sum\left(bk^{\frac{\alpha}{m}}q_i^{\frac{n\alpha}{m}}h_i^{\frac{\alpha}{m}}l_i^{\frac{m+\alpha}{m}}\right)+PQ\sum_{i\in\mu}h_i+P_{CP}\sum_{i=1}^{N}\theta_i(p)+P_{C\zeta}\theta(\zeta_R)+\text{const}\right] \tag{5.37}$$

个体适应度在进行选择操作时出现进化初期中的超长个体会影响算法的正确搜索方向，从而影响算法全局性能，使得进化后期个体对应的适应度差异很小，优秀的个体产生的后代优势不显著，致使整体群体进化留滞。基于上述原因，通过如下针对适应度函数的线性转化改善算法进化的整体性能。

$$f'=\alpha f+\beta$$

$$\alpha=\frac{f_{avg}}{f_{avg}-f_{\min}} \quad \beta=\frac{-f_{avg}f_{\min}}{f_{avg}-f_{\min}} \tag{5.38}$$

则式(5.38)为

$$f'=\frac{f_{avg}}{f_{avg}-f_{\min}}(f-f_{\min}) \tag{5.39}$$

式中，f' 为转化后对应的适应度函数；f 为转化前对应的适应度函数；α、β 为线性转化比例系数；f_{avg} 为群体对应的适应度平均值；$f_{\min}$ 为群体对应的适应度最小值。

(4) 遗传算子

① 选择。选择算子模拟的生物进化过程遵循适者生存和优胜劣汰原则，且个体的适应度越高则越容易被复制，低适应度的个体则被淘汰。通过将染色体包含的基因解码获得相应管段的标准管径，再利用式(5.38)和式(5.39)计算个体对应的适应度值 f'。通常采用的选择操作方法包括轮盘赌法、随机遍历抽样选择法、锦标赛法和局部法等。本书选择广泛适用的轮盘赌选择法，即依据单个染色体适应度值的比例确定该个体选择或生存的概率，通过建立轮盘赌模型表示以上概率，基于种群规模利用旋转轮盘随机选出新种群个体。

② 交叉。交叉操作既不能过多破坏个体编码串中反映的优良模式，又要求能有效产生较多较好的新种群个体。本书的整数编码依据交叉率 P_c 将种群中个体堆积进行两两匹配，设两个父代个体通过交叉产生的两个子代个体。设 R 为染色体所含基因个数，通过生成 R 个 [0，1] 间的随机数 R_i，$i\in[1,R]$，对于 $R_i<P_c$ 的父代基因位相互交换，生成两个新子代个体，若基因位为 2 和 R，则交换过程如下：

$$\text{父代个体}1=g_1,g_2,g_3,\cdots,g_R$$

$$\text{交叉}\Downarrow\qquad\text{交叉}\Downarrow$$

$$\text{父代个体}2=f_1,f_2,f_3,\cdots,f_R$$

产生的子代个体为

$$\text{子代个体}1=f_1,f_2,g_3,\cdots,g_R$$

$$\text{子代个体}2=g_1,g_2,f_3,\cdots,f_R$$

③ 变异。变异的本质为局部随机搜索变换，是避免算法陷入局部最优的关键步骤。对于二进制编码的变异操作为选定的染色体进行取位反调的方法，即 1 和 0 相互交换。整数编码的变异操作变异的对象不是基因中的 0 和 1 编码位段而是基因本身，基因变异范围为可选管径数 $y-1$ 个整数。常用随机变异的方法即从 $y-1$ 个整数中选取一个作为新的基因变异数值。为减少无效变异，可利用待变异染色体对应的目标函数与约束条件确定出一个变异方向导向。燃气管网系统的参数优化计算，管径越小则总投资越省，则基因变异可将减小管径作为导向进行变异，管径过小则将违反水力约束条件的沿管径增大设为正向变异方向，反之，当管径已达到最大可选标准管径，则将减小管径方向设为负向变异方向。

若变异率为 P_m，随机选择 n 个染色体作为父代个体，并随机选择一个父代染色体基因序列 q，当变异方向为正时则在 $[q+1，y]$ 区间内随机选取一个基因序列代替原父代种群的基因序列，产生一个新染色体子代种群；当变异方向为负时则在 $[1，q+1]$ 区间内随机选取一数值替换原有基因序列值，生成一个新染色体种群。

$$\text{父代个体}1=g_1,g_2,g_3,\cdots,g_R$$

$$\text{变异}\Downarrow$$

$$\text{子代个体}1=h_1,h_2,g_3,\cdots,g_R$$

(5) 运行参数

交叉率和变异率 P_c 和 P_m 为遗传算法进行种群交叉和变异操作的重要参数，通常依据经验和反复试算对其进行设置。为提高算法自适应性，可以根据如下转化表达式对其进行自动变化设计。此设计可使适应度值高于平均适应度值的个体由于 P_c 和 P_m 值较小而得以保护进入下一代，而小于平均适应度值的个体因 P_c 和 P_m 值较大在进化中被淘汰，以此到达获取最佳交叉率和变异率的目的。

$$P_c=\begin{cases}\dfrac{k_1(f_{max}-f^0)}{f_{max}-f_{avg}} & f\geqslant f_{avg}\\ k_2 & f<f_{avg}\end{cases} \tag{5.40}$$

$$P_m=\begin{cases}\dfrac{k_3(f_{max}-f)}{f_{max}-f_{avg}} & f\geqslant f_{avg}\\ k_4 & f<f_{avg}\end{cases} \tag{5.41}$$

式中，f_{max} 为当前种群中个体的最大适应度值；f^0 为交叉的两个体中大的适应度值；f 为待变异个体对应的适应度值；f_{avg} 为种群包含的所有个体的适应度平均值；k_1、k_2、k_3、k_4 为（0，1）区间认为设定的系数值。

基于上述两个转换表达式可知，当 $f=f_{max}$ 或 $f^0=f_{max}$ 时，$P_c=0$ 且 $P_m=0$，即适应度值最大个体不适用交叉和变异操作直接转变为下一代，但由于进化初期产生的优良个体不一定是全局的最优解使得进化过程出现局部最优解的问题，因而对于每个最优个体的产生，均需单独取较小的交叉率与变异率，以便保存最优个体的大部分优良基因。

(6) 终止条件

达到最大遗传代数 Maxgen 与种群对应的平均值适应度变化率一致或接近最小值为进化终止的两个条件，满足其中一个即输出优化结果。

5.3 天然气管网参数优化实例

本节运用具体实例对验证方法中涉及的关键技术，即布局优化数模、参数优化数模及对应的 ACO 和 GA 的具体设计进行了详细分析，并对最终用作对比分析的风险损失进行了阐述。

5.3.1 实例简介

由于本节主要演示验证方法的参数优化求解和风险损失计算，因此并未详细介绍失效因素、土壤成分、失效后果和失效概率的计算过程，而是直接给出风险损失预测值，以便后续利用 ACO 和 GA 组合算法求解布局优化与参数优化。本节所选的管网实例为贵州省贵阳市某区域低压环状管网，初始布局如图 5.6 所示。设节点流量为已知，布局优化和参数优化所需的管网基本信息（节点坐标和风险损失预测值）如表 5.3 和表 5.4

所示。

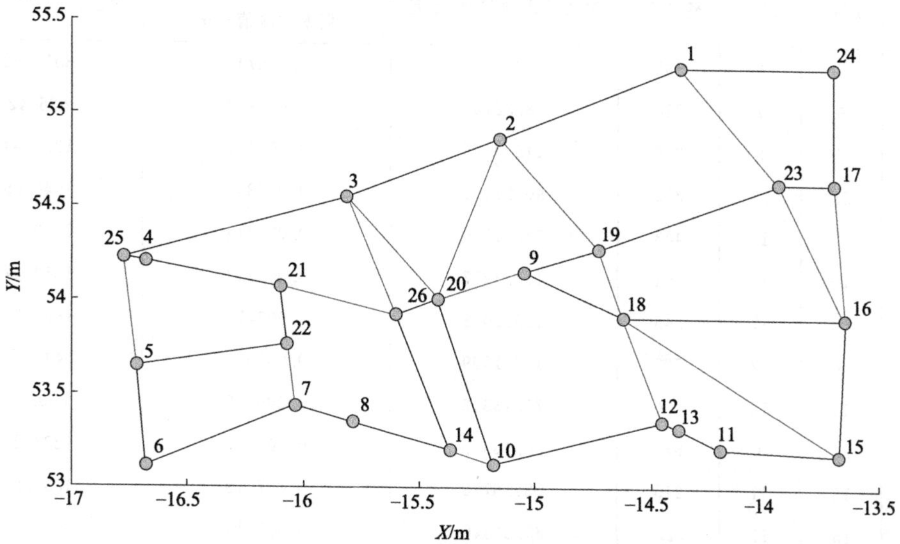

图 5.6　管网初始布局图

表 5.3　节点坐标

节点号	X 坐标/m	Y 坐标/m	节点号	X 坐标/m	Y 坐标/m
1	−14.374	55.252	14	−15.369	53.204
2	−15.152	54.869	15	−13.678	53.181
3	−15.812	54.555	16	−13.651	53.911
4	−16.677	54.21	17	−13.7	54.629
5	−16.718	53.648	18	−14.627	53.911
6	−16.682	53.114	19	−14.73	54.275
7	−16.04	53.434	20	−15.422	54.011
8	−15.787	53.353	21	−16.103	54.071
9	−15.054	54.155	22	−16.073	53.768
10	−15.181	53.126	23	−13.945	54.629
11	−14.2	53.21	24	−13.7	55.252
12	−14.454	53.357	25	−16.775	54.227
13	−14.386	53.318	26	−15.602	53.924

表 5.4　风险损失预测值

管段	起点	终点	管长/m	失效后果预测值/万元	单位管长失效概率预测值/km	风险损失预测值/元
1	1	2	867	133.6352	0.006041	6999.21
2	2	3	731	43.28389	0.007292	2307.23
3	3	25	1018	33.81186	0.004635	1595.39
4	5	25	582	134.2235	0.006374	4979.25

续表

管段	起点	终点	管长/m	失效后果预测值/万元	单位管长失效概率预测值/km	风险损失预测值/元
5	5	6	535	107.8573	0.005743	3313.92
6	6	7	718	18.32125	0.004762	626.42
7	7	8	266	145.0175	0.005147	1985.44
8	23	19	862	90.21401	0.005847	4546.89
9	8	14	443	94.41116	0.006314	2640.78
10	10	14	204	103.3277	0.006217	1310.47
11	23	17	245	125.5028	0.006473	1990.33
12	10	12	763	139.1699	0.007014	7447.93
13	12	13	78	71.13306	0.006473	359.15
14	24	1	674	28.18948	0.006517	1238.21
15	13	11	215	121.6778	0.007018	1835.96
16	15	11	523	63.80646	0.007713	2573.89
17	16	15	731	136.9239	0.005941	5946.43
18	17	16	720	69.52816	0.006116	3061.69
19	16	18	976	135.263	0.006035	7967.21
20	18	19	379	41.41868	0.007113	1116.58
21	12	18	581	34.65086	0.006247	1257.66
22	19	9	345	142.7032	0.005746	2828.91
23	20	9	395	22.34739	0.007108	627.44
24	20	10	918	114.8877	0.006956	7336.28
25	26	21	523	121.6633	0.007408	4713.70
26	21	22	304	78.95283	0.005718	1372.41
27	7	22	336	70.6968	0.004765	1131.88
28	5	22	656	157.0707	0.005629	5800.03
29	4	21	590	73.45505	0.004738	2053.38
30	3	20	669	79.38692	0.006384	3390.53
31	19	2	728	38.58034	0.007025	1973.08
32	23	1	756	62.94894	0.004927	2344.73
33	4	25	100	61.22492	0.005407	331.04
34	17	24	622	144.8081	0.004937	4446.79
35	20	26	200	51.57148	0.004327	446.30
36	15	18	1198	60.73778	0.005747	4181.74
37	16	23	776	74.87712	0.007625	4430.48
38	9	18	491	117.9536	0.005729	3317.96
39	2	20	899	36.68381	0.006045	1993.57
40	14	26	756	141.4704	0.007305	7812.82
41	3	26	666	27.97445	0.006235	1161.64

5.3.2　环状管网布局优化数模

(1) 目标函数

$$\min\{F_{\mathrm{h}}=\omega F-H\}$$

$$F=\sum_{\substack{0\leqslant i\leqslant n\\0<j<n}}L(i,j)c_{ij}$$

$$H=\sum_{j=1}^{n}\frac{q_j}{Q}\ln NL_j-\sum_{j=1}^{n}\frac{q_j}{Q}\ln\frac{q_j}{Q}$$

式中，F_{h} 表示综合评价函数；F 表示管长总和；H 表示系统最大熵；ω 表示惩罚系数，可根据 F 和 H 的具体情况进行试算选取；NL_j 表示关联矩阵 $\mathbf{A}$ 中 j 节点对应的行中等于 1 的 a_{ij} 个数的总和；q_j 表示节点流量；Q 表示总流量，即节点 1 的流量。

(2) 约束条件

$$\text{s. t.}\quad de_j\geqslant 2$$

式中，de_j 表示与节点相连的边数，等于关联矩阵 $\mathbf{A}$ 中 j 节点对应的行中等于不等于 0 的 a_{ij} 个数的总和。

5.3.3　环状管网布局优化结果

① 以风险损失和可靠性最小为优化目标的管网优化布局（L1）如图 5.7 和图 5.8 所示。

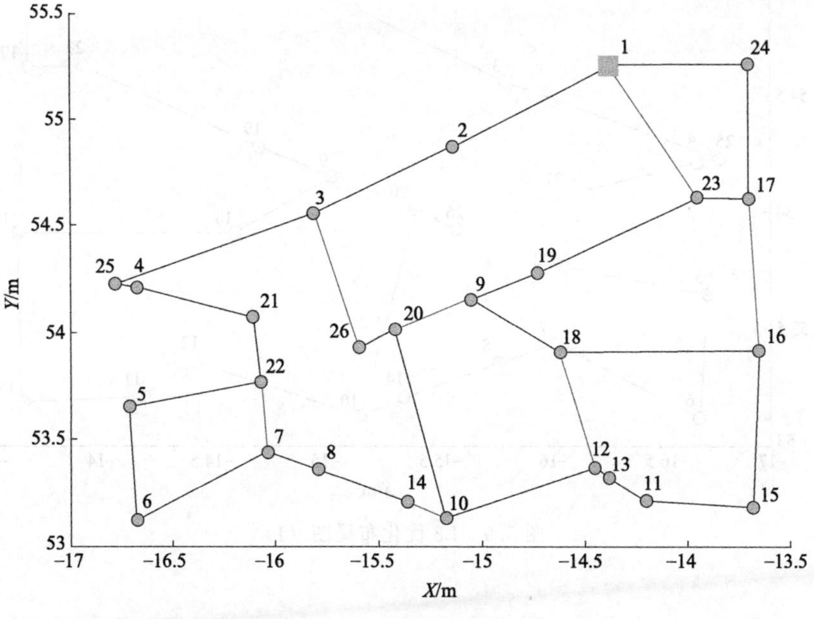

图 5.7　L1 优化布局图 (1)

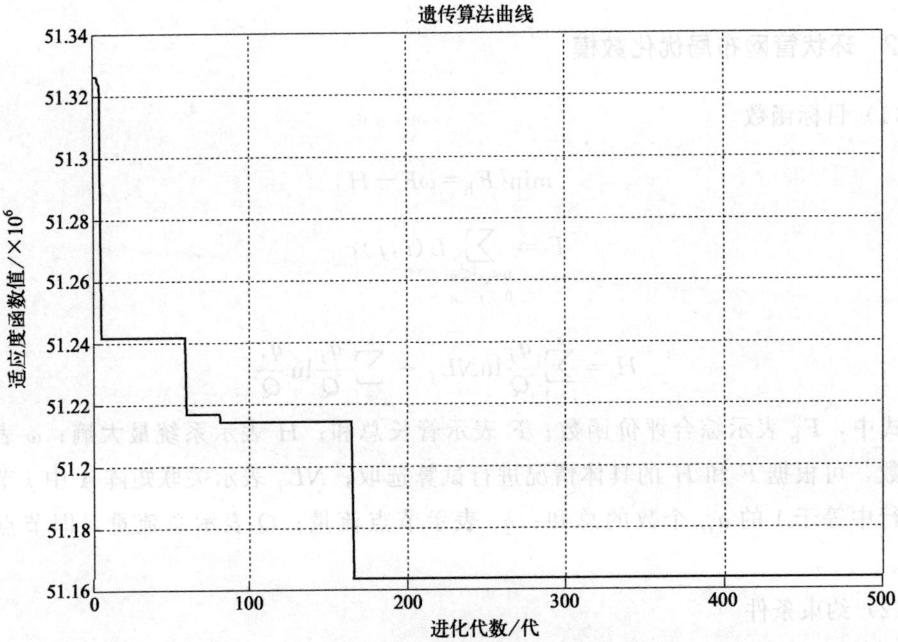

图 5.8 L1 布局优化目标函数的迭代收敛图

② 以最短路径和可靠性为优化目标的管网优化布局（L2）如图 5.9 和图 5.10 所示。

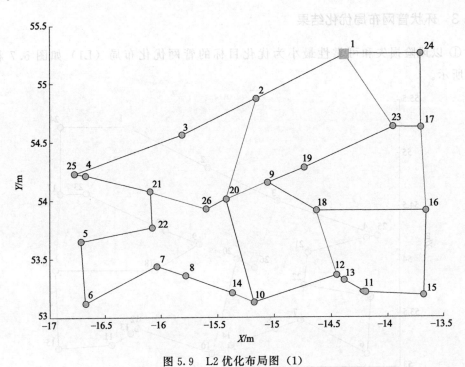

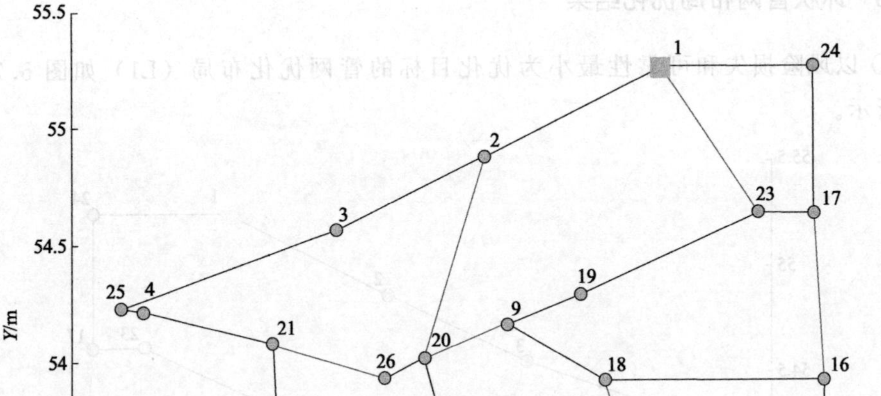

图 5.9 L2 优化布局图（1）

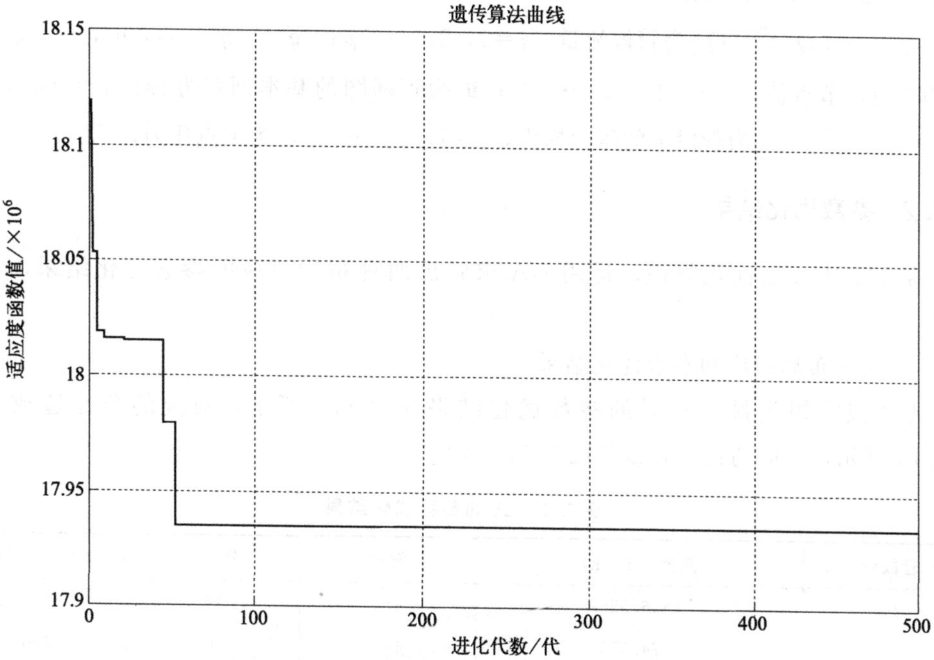

图 5.10　L2 布局优化目标函数的迭代收敛图

5.4 优化布局的验证

本节通过调用编制的 GA 程序对参数优化数模进行了求解，以实现整个验证环节。首先运用参数优化的 GA 程序求解出 L1 和 L2 的参数优化结果，然后分别计算出两种布局对应的传统风险损失成本，并对建造成本造价、TRC 和综合成本进行对比分析。

5.4.1 环状管网参数优化数模

① 目标函数：

$$\min k=\left(\frac{1}{7}+\frac{7}{100}\right)\sum(-13.94+1.03D_i^{1.07})l_i \tag{5.42}$$

② 约束条件：

$$\boldsymbol{A\overline{Q}}=\overline{\boldsymbol{q}} \tag{5.43}$$

$$\boldsymbol{B\overline{h}}=\boldsymbol{0} \tag{5.44}$$

$$h=p_i-p_j \tag{5.45}$$

$$200\text{kPa}<p_i<400\text{kPa} \tag{5.46}$$

$$p_i^2-p_j^2=\delta_{ij}Q_{ij}^2 \tag{5.47}$$

$$\delta_{ij}=\left(\frac{1}{c_1}\right)^2\frac{GT_{\text{f}}L_{ij}Zf}{D_{ij}^5}\left(\frac{p_{\text{b}}}{T_{\text{b}}}\right)^2 \tag{5.48}$$

式中，c_1、f、p_{b}、T_{b}、G、T_{f}、Z 的取值分别为 1.1494×10^{-3}、0.01、100kPa、561K、0.66、283K、0.805；D 表示管径，假定可取如下数值：150mm、175mm、

200mm、250mm、350mm、400mm、450mm；$\boldsymbol{A}$ 为管网图的基本关联矩阵，$\overline{\boldsymbol{Q}}=(Q_1, Q_1, Q_j, \cdots, Q_p)^{\mathrm{T}}$，$Q_j$ 为管段流量，$j=1, 2, \cdots, p$；$\overline{\boldsymbol{q}}=(q_1, q_2, q_i, \cdots, q_M)^{\mathrm{T}}$，$q_i$ 为节点的节点流量，$i=1, 2, \cdots, M$；$\boldsymbol{B}$ 为管网图的基本回路方程；$\overline{\boldsymbol{h}}=(h_1, h_2, h_j, \cdots, h_p)^{\mathrm{T}}$，$h_j$ 为管段 j 的压力损失，$j=1, 2, \cdots, p$，为节点压力。

5.4.2 参数优化结果

基于上述参数优化数模，运用 GA 求解出两种布局对应的参数优化结果，具体如下。

(1) L1 布局对应的参数优化结果

基于风险损失最小布局的参数优化结果如表 5.5 所示，对应的总建造成本为 352.75 万元，对应的迭代收敛如图 5.11 所示。

表 5.5　L1 的参数优化结果

管段号	流量/(m^3/h)	管径	节点号	节点压力/kPa
14	6426.556	450	24	397.0206
1	2874.553	400	1	400
2	1839.762	250	2	394.8109
3	575.9784	200	3	388.8651
33	−165.175	200	25	358.1727
29	125.8948	175	4	358.7128
26	423.7175	200	21	358.908
28	2077.179	350	22	358.9139
5	776.6575	200	5	393.2346
6	688.2906	200	6	381.2803
7	117.3523	175	7	348.5948
9	530.7366	200	8	382.5294
40	−98.2804	150	14	384.1698
35	2860.289	400	26	359.1548
24	381.1896	200	20	392.2325
12	1124.21	250	10	348.6246
13	1297.301	250	12	321.6859
15	1646.701	250	13	392.2325
16	1219.793	250	11	359.1574
17	1122.311	200	15	381.2061
19	−954.484	200	16	392.2325
38	1292.34	250	18	348.6866
22	315.3041	200	9	347.7722

续表

管段号	流量/(m^3/h)	管径	节点号	节点压力/kPa
8	17.4927	150	19	257.7216
11	−56.7732	150	23	348.5569
34	103.0562	175	17	393.2346
41	4868.255	400		
27	−420.504	200		
32	2125.319	350		
21	1252.998	250		
18	215.6443	200		

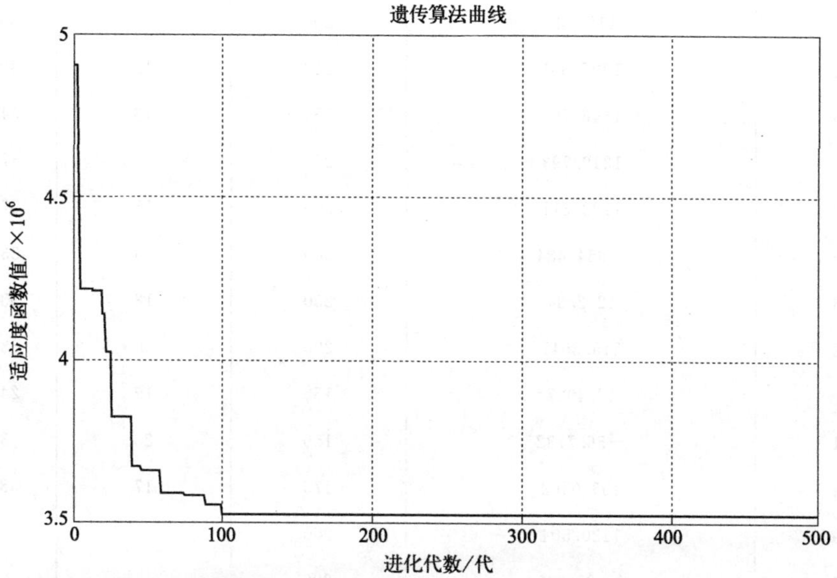

图 5.11　L1 布局参优目标函数收敛图

(2) L2 布局对应的参数优化结果

基于风险损失最小布局的参数优化结果如表 5.6 所示，总建造成本为 381.55 万元，对应的迭代收敛如图 5.12 所示。

表 5.6　L2 的参数优化结果

管段号	流量/(m^3/h)	管径	节点号	节点压力/kPa
14	6426.556	400	24	394.6114
1	2874.553	350	1	400
2	1839.762	250	2	389.5592
3	575.9784	200	3	333.9687
33	−165.175	175	25	342.037
29	125.8948	175	4	342.6026
26	423.7175	200	21	342.858

续表

管段号	流量/(m³/h)	管径	节点号	节点压力/kPa
28	2077.179	350	22	342.8704
5	776.6575	200	5	391.8303
6	688.2906	200	6	375.9199
7	117.3523	175	7	385.148
9	530.7366	200	8	377.5029
40	−98.2804	175	14	380.4069
35	2860.289	350	26	343.4376
24	381.1896	200	20	388.5476
12	1124.21	200	10	386.5476
13	1297.301	250	12	307.2267
15	1646.701	250	13	343.4392
16	1219.793	200	11	374.5592
17	1122.311	200	15	375.8597
19	−954.484	200	16	333.9998
38	1292.34	250	18	334.1034
22	315.3041	200	9	333.2214
8	17.4927	150	19	248.9167
11	−56.7732	150	23	333.9235
34	103.0562	175	17	389.5476
39	1120.504	200		
25	−488.319	200		
32	2125.319	350		
21	1252.998	200		
18	215.6443	200		
10	−389.777	200		

5.4.3 传统风险损失成本

运用失效概率预测模型预测出环状管网对应的失效概率预测值，并结合传统失效后果经济计算理论确定出 TRC。

(1) 风险损失最小布局对应的 TRC

① 传统失效后果经济计算。基于小孔泄漏造成的人员伤亡数目与公司损失成本，结合 3.1.1 节中传统失效后果经济损失计算理论，对小孔泄漏后产生喷射火焰导致的经济（表 5.7）和非经济损失（表 5.8）进行传统理论估算。其中经济损失发生概率 P_1 和非经济损失发生概率 P_2 设为 0.1 和 0.01。

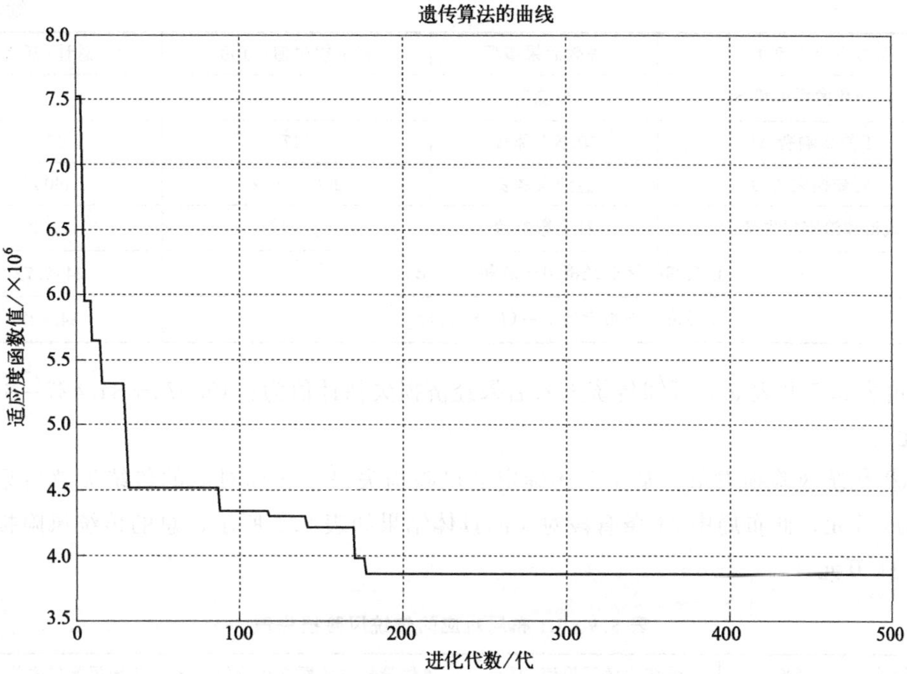

图 5.12　L2 布局参优目标函数收敛图

表 5.7　管道泄漏导致的直接和间接经济损失估算表

失效后果类型指标	失效后果事项	经济损失值/万元	总计/万元
医疗费、丧葬费和抚恤费 M	死亡费	50	188
	重伤亡费	76	
	轻伤亡费	62	
工作损失费 L_g	综合工作费	2.037	2.037
歇工工资 L_x	经济补偿费	5.3+3.8	9.1
泄漏损失费 W_1	运营损失费	0.0714	0.0714
固定资产费 W_2	维修费	1.4	1.4
停产和减产费 W_3	损失费	35×2	70
维修费 W_4	维修费	3×10×0.02×0.6	0.36
总的直接经济损 E_1			270.9684
间接经济损失 $E_2=E_1/1.2$			225.807
总经济损失 E_1+E_2			496.7754
经济损失可能值 $E=(E_1+E_2)p_1$			49.678

表 5.8　管道泄漏导致的直接和间接非经济损失估算表

失效后果类型指标	失效后果事项	经济损失值/万元	总计/万元
生命价值费 V_h	死亡费	2485	2720
	重伤亡费	140	
	轻伤亡费	95	

续表

失效后果类型指标	失效后果事项	经济损失值/万元	总计/万元
处理环境污染费 S_1	环境费	3	3
工效影响费 ΔL	效率下降费	117	117
商誉损失费 Q	企业发展费	3000×0.2	600
政治和治安损失费 P	社会影响费	$V_h\times1\%$	2.72
直接和间接非经济损失总和 E_3+E_4			3442.72
非经济损失可能值 $E=(E_3+E_4)p_2$			34.427

由表 5.7 和表 5.8 可知传统失效后果经济损失估计值为：49.678＋34.427＝84.105（万元）。

② 传统风险损失值。基于上述确定的风险损失最小布局对应的传统失效后果取值 84.105 万元，此布局中 31 条管段对应的具体结果如表 5.9 所示，总的传统风险损失值为 9.31 万元。

表 5.9　L1 布局对应的传统风险损失值

管段号	管长/m	传统失效后果值/万元	单位管长失效概率预测值/km	传统风险损失值/万元
1	867	84.105	0.006041	0.440504
2	731	84.105	0.007292	0.448318
3	1018	84.105	0.004635	0.396844
5	535	84.105	0.006374	0.286806
6	718	84.105	0.005743	0.346805
7	266	84.105	0.004762	0.106535
8	862	84.105	0.005147	0.37315
9	443	84.105	0.005847	0.217851
10	204	84.105	0.006314	0.108332
11	245	84.105	0.006217	0.128106
12	763	84.105	0.006473	0.415386
13	78	84.105	0.007014	0.046013
14	674	84.105	0.006473	0.366933
15	215	84.105	0.006517	0.117844
16	523	84.105	0.007018	0.3087
17	731	84.105	0.007713	0.474201
18	720	84.105	0.005941	0.359761
19	976	84.105	0.006116	0.502041
21	581	84.105	0.006035	0.2949
22	345	84.105	0.005746	0.166727
23	395	84.105	0.006956	0.231089
24	918	84.105	0.007408	0.57196

续表

管段号	管长/m	传统失效后果值/万元	单位管长失效概率预测值/km	传统风险损失值/万元
26	304	84.105	0.005718	0.146197
27	336	84.105	0.004765	0.134655
28	656	84.105	0.005629	0.310568
29	590	84.105	0.004738	0.235109
32	756	84.105	0.004927	0.313275
33	100	84.105	0.005407	0.045476
34	622	84.105	0.004937	0.258271
35	200	84.105	0.004327	0.072784
38	491	84.105	0.005729	0.236582
40	756	84.105	0.007305	0.464477
41	666	84.105	0.006703	0.375461

(2) L2 布局对应的 TRC

同上计算步骤确定出风险损失最小布局对应的传统失效后果取值为 102.317 万元，则此布局中 32 条管段对应的具体结果如表 5.10 所示，总的传统风险损失值为 9.8 万元。

表 5.10　L2 布局对应的传统风险损失值

管段号	管长/m	传统失效后果值/万元	单位管长失效概率预测值/km	传统风险损失值/万元
1	867	102.317	0.006041	0.53589
2	731	102.317	0.007292	0.448318
3	1018	102.317	0.004635	0.396844
5	535	102.317	0.006374	0.286806
6	718	102.317	0.005743	0.346805
7	266	102.317	0.004762	0.106535
8	862	102.317	0.005147	0.37315
9	443	102.317	0.005847	0.217851
10	204	102.317	0.006314	0.108332
11	245	102.317	0.006217	0.128106
12	763	102.317	0.006473	0.415386
13	78	102.317	0.007014	0.046013
14	674	102.317	0.006473	0.366933
15	215	102.317	0.006517	0.117844
16	523	102.317	0.007018	0.3087
17	731	102.317	0.007713	0.474201
18	720	102.317	0.005941	0.359761
19	976	102.317	0.006116	0.502041

续表

管段号	管长/m	传统失效后果值/万元	单位管长失效概率预测值/km	传统风险损失值/万元
21	581	102.317	0.006035	0.2949
22	345	102.317	0.007113	0.206392
23	395	102.317	0.006247	0.207535
24	918	102.317	0.005746	0.443639
25	523	102.317	0.007108	0.312659
26	304	102.317	0.006956	0.17785
28	656	102.317	0.007408	0.408721
29	590	102.317	0.005718	0.283738
32	756	102.317	0.004765	0.302975
33	100	102.317	0.005629	0.047343
34	622	102.317	0.004738	0.24786
35	200	102.317	0.006384	0.107385
38	491	102.317	0.007025	0.290101
39	899	102.317	0.006045	0.457065
40	756	102.317	0.007305	0.464477

5.4.4 对比分析

两种优化布局对应的参数优化结果，即建造成本、TRC及综合成本如表5.11所示。L1的3个成本相比L2的3个成本的百分比对比如图5.13所示。

表5.11 两种布局对应的综合成本（1）

成本布局	总造价/万元	传统风险损失成本/万元	综合成本/万元	预测风险损失成本/万元
L1	352.75	9.31	362.06	4.8
L2	381.55	9.8	439.35	5.99

由表5.11可知，本书方法确定的布局L1对应的传统风险损失成本比传统的L2对应的传统风险损失值要小，与RFV的大小关系相同。此结果表明了本研究所建立的布局优化方法的正确性。另外，由于环网布局优化的目标函数不仅是指的路径最短，同时还需满足可靠性最好，因此表5.11中L1的总建造成本相比L2的总建造成本要少28.8万元。此结论与枝状管网的参数优化结果完全不同。

由图5.13可知，本书方法得到的布局L1造成的风险损失成本相比传统布局优化所确定的L2造成的风险损失成本少0.49万元，即5%。另外，基于两种布局参数优化确定的建造成本可知，L1的建造成本相比L2的建造成本少28.8万元，即7.55%。由于布局L1的建造成本和风险损失成本均小于布局L2，因此L1对应的综合成本与布局L2对应的综合成本相差29.29万元，即7.48%。此结果表明，本研究的布局优化方法应用于环网时不仅可以最小化风险损失，还可使建造成本更小，使综合成本尽量达到最优。

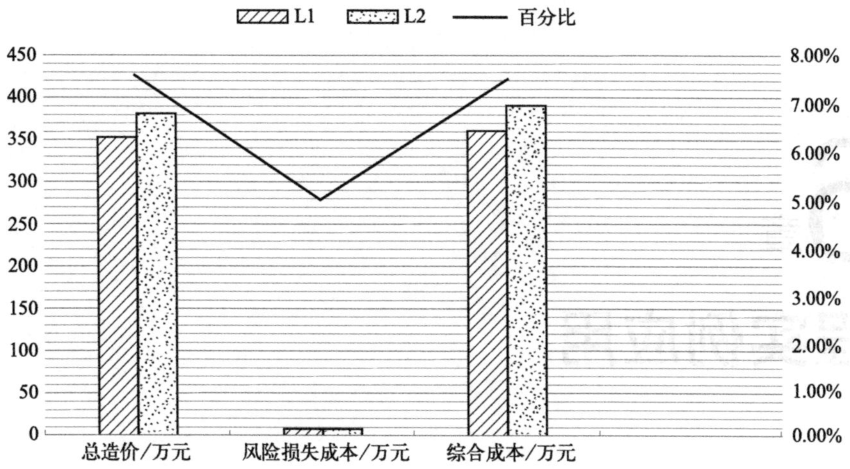

图 5.13　3 个成本结果对比

5.5 本章小结

本章针对一中压环状管网，利用编制的 GA 对最短路径和风损最小两种布局进行参数优化，从而计算出两种布局对应的传统风险损失值，通过对比两种布局的三个成本值，以验证 RFV 最小布局确实是风损最小布局，同时最理想案例可实现建造成本和综合成本最小化。基于已有的验证方法理论，建立对 RFV 最小优化布局进行验证的对比分析方法，通过中压环状管网实例，演示了完整的验证步骤。由于本章主要介绍布局优化方法中验证步骤的这一关键环节，因此仅对本研究所构建的布局优化方法的结果进行陈述，以便验证过程顺利进行。其中涉及的主要步骤如下：基于风险损失最小化的环状管网布局优化模型的布局结果、基于 GA 的环状管网参数优化模型的求解、传统风险损失计算，三种布局的结果对比分析。通过验证方法的实现验证了本书构建的风险损失最小布局的优化方法的正确性和实用性。

第6章 工程实例应用

本章以四川省一中压枝状管网为实例，对本书构建的城市天然气布局优化方法进行了演示。通过收集实际工程的土壤基础数据，运用优化方法的完整计算步骤，包括布局当量费用长度设计、布局优化数模的建立、求解与验证环节，最终验证并确定了风险损失最小的优化布局方案。

6.1 实例概况

本节详细介绍了应用风险损失最小化布局的优化方法时所需的实例基础数据，包括周边环境与风险损失成本的影响因素以及用于预测模型的土壤成分数据。

本章选取的工程实例位于四川省某市区。首先根据该区域的用户分布情况与道路走向，在 AutoCAD 中画出拟规划的燃气管网初始布局图，包含 31 个节点与 35 条初选可敷设路径。此实例的初始布局如图 6.1 所示。

6.1.1 失效因素的模糊评分

由于周边环境的特点，具体的失效因素评分情况因管网所属区域的变化而不同。本章选取的实例通过邀请专家打分，针对应用于预测失效概率的 92 项失效因素的部分评分结果如表 6.1 所示。

表 6.1 失效因素专家评分结果

管段号	1. 法规制定不健全	2. 法规执行不严	3. 对法规的认识不够	4. 管道公司与当地政府关系欠佳	5. 管道公司与当地居民关系不和	6. 管道公司与土地拥有者关系不和	7. 缺乏固定可靠的报警方式	8. 通信水平不高
1	中等	较小	较小	大	中等	大	中等	很大
2	很小	小	中等	较大	大	很大	较小	较小

续表

管段号	1. 法规制定不健全	2. 法规执行不严	3. 对法规的认识不够	4. 管道公司与当地政府关系欠佳	5. 管道公司与当地居民关系不和	6. 管道公司与土地拥有者关系不和	7. 缺乏固定可靠的报警方式	8. 通信水平不高
3	小	较大	中等	较小	较大	较小	小	很小
4	较小	很小	小	小	小	中等	中等	较大
5	小	小	较大	较大	较小	大	大	很大
6	很小	很小	中等	中等	较大	较大	较小	较小
7	小	很小	中等	较大	较小	中等	很小	小
8	很大	大	中等	很大	大	大	较小	中等
9	大	大	大	较小	较小	小	很小	中等
10	很小	很小	小	小	较小	较小	较小	中等
11	中等	中等	较大	较大	很大	大	小	很小
12	小	很小	中等	较大	较小	很小	小	较小
13	小	中等	很小	中等	较大	较小	大	很大
14	小	中等	较大	较小	很小	小	小	小
15	中等	中等	中等	较小	较小	较大	较小	较大
16	小	很小	小	小	中等	较小	较小	较小
17	中等	中等	较小	较小	小	小	很小	较小
18	很小	小	较小	中等	中等	较大	较小	小
19	小	很小	小	很小	中等	较大	较小	较小
20	中等	中等	较大	小	很小	较小	大	中等
21	中等	较大	较小	小	小	小	很小	很小
22	小	很小	中等	中等	小	很小	中等	较小
23	小	中等	中等	较小	较小	小	较小	较大
24	较大	小	很小	中等	较小	小	很小	中等
25	较大	小	很小	中等	较小	较大	较大	中等
26	较小	较小	较小	小	很小	小	很小	中等
27	小	很小	小	很小	中等	较小	小	较小
28	小	很小	较小	较小	较小	小	很小	很小
29	中等	中等	很小	很小	小	很小	小	较小
30	小	很小	中等	中等	较大	小	很小	小
31	小	小	中等	较小	较小	较大	中等	较小
32	较小	较小	小	很小	小	中等	较大	小
33	小	很小	很小	很小	小	小	中等	较小
34	很小	很小	小	小	较小	较小	中等	较大
35	小	很小	中等	中等	较大	很小	小	很小

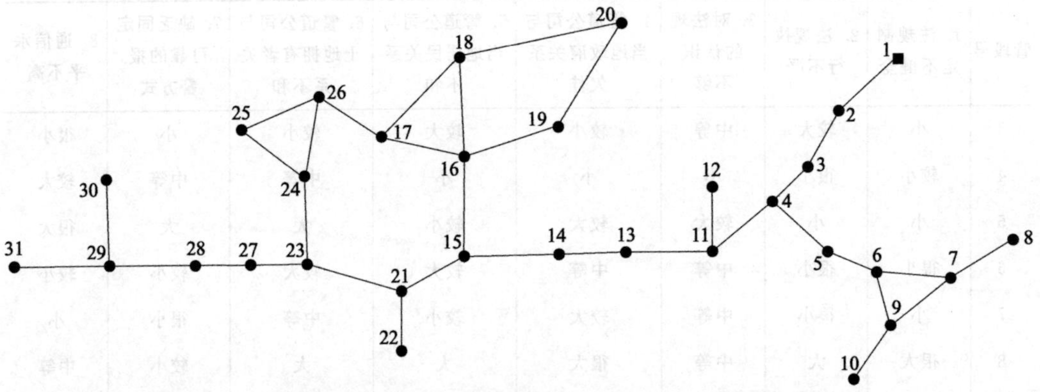

图 6.1 管网的可敷设初始布局

6.1.2 土壤条件

通过咨询相关工程师获取管道所属环境的土壤理化参数数据，具体数值如表 6.2 所示。

表 6.2 土壤成分及对应的土壤腐蚀等级

管段号	电阻率/Ω·m	氧化还原电位/mV	pH 值	含水量/%	含盐量/%	基于熵权法的土壤腐蚀等级
1	124.27	478.684	7.256	47.59	0.044	2
2	41.288	350.820	7.103	47.71	0.013	1
3	119.757	545.444	7.283	43.68	0.039	2
4	112.387	138.312	6.6134	31.51	0.060	2
5	132.732	460.667	7.479	42.24	0.065	3
6	133.337	382.421	7.349	28.29	0.038	3
7	50.472	161.707	6.551	28.09	0.024	3
8	52.952	278.981	6.966	29.77	0.048	3
9	86.07	239.322	6.826	28.64	0.065	2
10	55.421	342.91	7.130	39.63	0.039	3
11	133.936	446.87	6.730	26.83	0.068	3
12	130.596	87.321	7.080	45.56	0.019	3
13	91.335	457.686	7.103	43.07	0.013	2
14	45.759	467.845	7.01	48.15	0.025	2
15	110.488	216.28	6.948	37.32	0.031	3
16	41.216	255.346	6.535	41.38	0.033	3
17	75.745	328.848	7.014	47.25	0.026	2
18	64.608	395.326	6.908	38.46	0.050	3
19	88.483	416.857	6.608	32.06	0.012	1

续表

管段号	电阻率/Ω·m	氧化还原电位/mV	pH 值	含水量/%	含盐量/%	基于熵权法的土壤腐蚀等级
20	158.714	424.826	6.960	49.40	0.032	2
21	122.060	234.180	6.951	25.91	0.025	2
22	156.971	254.949	7.051	33.16	0.026	3
23	41.391	527.430	7.305	49.33	0.013	3
24	86.927	329.226	7.201	34.13	0.044	3
25	12.973	472.306	7.372	32.73	0.024	3
26	122.316	175.871	6.552	28.02	0.016	3
27	98.307	354.741	6.720	47.89	0.006	3
28	137.861	337.183	6.960	28.39	0.024	1
29	158.183	531.113	7.459	33.30	0.041	1
30	149.070	77.412	7.290	47.44	0.062	3
31	68.475	291.758	6.952	37.49	0.009	3
32	5.053	302.662	6.833	40.38	0.064	3
33	88.836	79.616	6.559	39.58	0.014	3
34	37.198	500.713	7.241	42.46	0.059	3
35	38.989	490.229	7.007	25.73	0.057	3

6.2 风险损失成本的预测

运用上节中的基础数据及第 2 章和第 3 章建立的 RBF 和 BP 神经网络预测模型对失效概率和失效后果进行预测，并利用风险损失成本计算出预测的风险损失成本，具体结果如表 6.3 所示。其中对于 BP-FPF 的选取，根据所确定的腐蚀等级进行确定。

表 6.3　管段对应的预测风险损失值

管段	管长/km	单位管长失效概率预测值/km	失效后果预测值/万元	失效概率预测值/km	风险损失预测值/万元
1	25	0.006041	1929.66	0.151025	291.43
2	20	0.007292	1687.293	0.14584	246.07
3	35	0.005735	1639.857	0.200725	329.16
4	40	0.005717	1847.802	0.22868	422.56
5	31	0.006773	1641.526	0.209963	344.66
6	18	0.006758	1919.625	0.121644	233.51
7	27	0.00522	1961.17	0.14094	276.41
8	31	0.006141	1725.005	0.190371	328.39
9	23	0.005532	1712.636	0.127236	217.91
10	12	0.00593	1602.713	0.07116	114.05
11	16	0.007345	1798.349	0.11752	211.34

续表

管段	管长/km	单位管长失效概率预测值/km	失效后果预测值/万元	失效概率预测值/km	风险损失预测值/万元
12	24	0.005585	1995.393	0.13404	267.46
13	54	0.006529	1895.176	0.352566	668.17
14	47	0.007026	1724.288	0.330222	569.40
15	18	0.007728	1840.163	0.139104	255.97
16	27	0.006503	1912.672	0.175581	335.83
17	38	0.005941	1644.613	0.225758	371.28
18	42	0.006116	1831.732	0.256872	470.52
19	26	0.006035	1948.148	0.15691	305.68
20	47	0.007113	1875.91	0.334311	627.14
21	34	0.00616	1697.188	0.20944	355.46
22	53	0.006507	1737.089	0.344871	599.07
23	36	0.006273	1818.176	0.225828	410.60
24	29	0.007212	1627.029	0.209148	340.29
25	32	0.007183	1764.179	0.229856	405.51
26	48	0.006817	1695.005	0.327216	554.63
27	63	0.005655	1795.589	0.356265	639.71
28	27	0.005736	1922.427	0.154872	297.73
29	14	0.006119	1751.139	0.085666	150.01
30	37	0.005736	1807.191	0.212232	383.54
31	47	0.006119	1637.839	0.287593	471.03
32	19	0.005585	1963.638	0.106115	208.37
33	20	0.006897	1683.052	0.13794	232.16
34	40	0.006602	1752.826	0.26408	462.89
35	38	0.00617	1864.112	0.23446	437.06

6.3 布局优化

将风险损失模糊预测值与管长分别作为最小生成树算法中的边权值，调用 4.2.3 节中的枝状管网最小生成树算法，分别确定出 L1 和 L2。

6.3.1 风险损失成本最小布局

以风险损失模糊预测值最小为优化目标的管网优化布局（L1）如图 6.2 所示。

6.3.2 路径最短布局

以管道总长最小为优化目标的管网优化布局（L2）如图 6.3 所示。

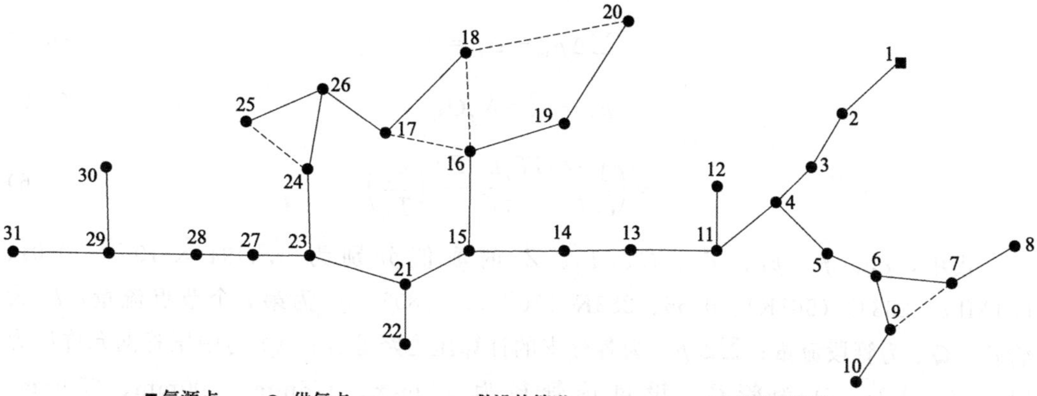

图 6.2　L1 优化布局图（1）

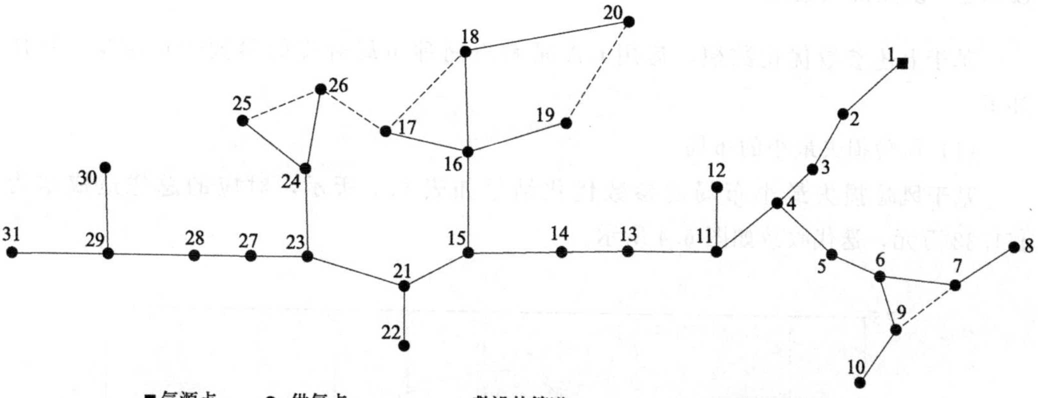

图 6.3　L2 优化布局图（2）

6.4　优化布局的验证

本节通过 L1 布局的传统风险损失值与传统布局的最小风险损失值进行对比分析，确定基于在规划阶段最小化风险损失预测值所确定的优化布局，确实是实际风险损失最小的优化布局，从而证明了本书提出的基于风险损失最小化的布局优化方法的正确性和可行性。

6.4.1　枝状管网参数优化数模

① 总建造成本 K 最小的优化目标函数：

$$\min k=\left(\frac{1}{7}+\frac{7}{100}\right)\sum(-13.94+1.03D_i^{1.07})l_i \tag{6.1}$$

② 约束条件：

$$p_1 = 0.3\text{MPa} \tag{6.2}$$

$$0.01 < p_2 \sim p_{31} < 0.3\mathrm{MPa} \tag{6.3}$$

$$\sum \Delta p_m - \Delta p = 0 \tag{6.4}$$

$$p_i^2 - p_j^2 = \delta_{ij} Q_{ij}^2 \tag{6.5}$$

$$\delta_{ij} = \left(\frac{1}{c_1}\right)^2 \frac{GT_f L_{ij} Z f}{D_{ij}^5} \left(\frac{p_b}{T_b}\right)^2 \tag{6.6}$$

式中，c_1、f、p_b、T_b、G、T_f、Z 的取值分别为 1.1494×10^{-3}、0.01、0.1MPa、288℃（561K）、0.66、283K（10℃）、0.805；q_i 为第 i 个节点流量；l_i 为管长；Q_{ij} 为管段流量；$\sum\Delta p_m$ 为各分支的计算压力降综合；Δp 为中压管网允许压力降，37.65kPa；D 为管径，设可选管径为 150mm、175mm、200mm、250mm、350mm、400mm、450mm。

6.4.2 参数优化结果

基于上述参数优化数模，运用 GA 求解出两种布局对应的参数优化结果，具体如下。

(1) 风险损失最小的布局

基于风险损失最小布局的参数优化结果如表 6.4 所示，对应的总建造成本为 471.32 万元，迭代收敛如图 6.4 所示。

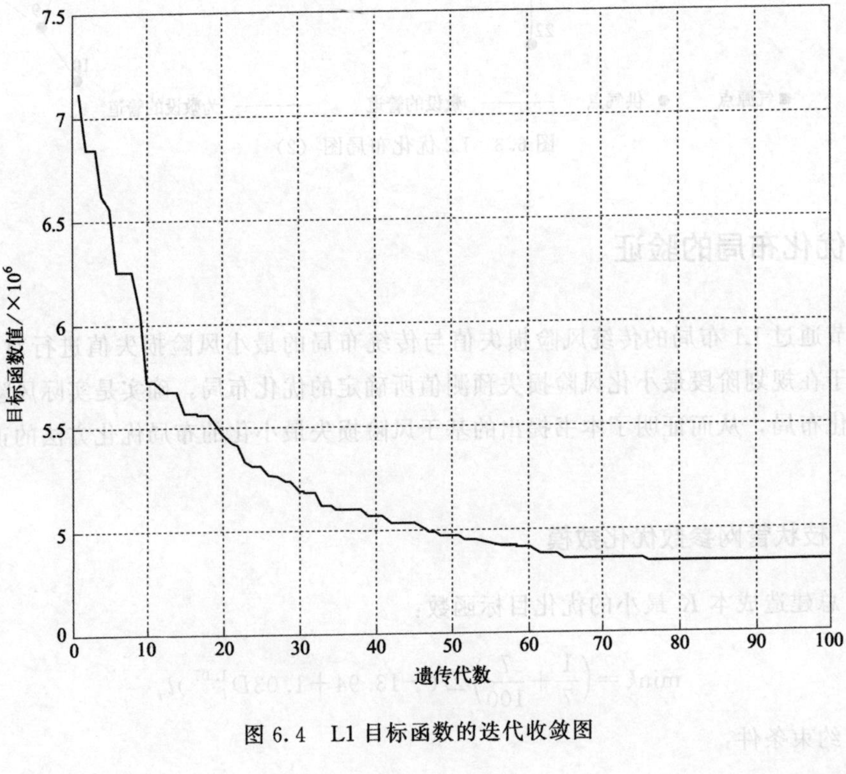

图 6.4 L1 目标函数的迭代收敛图

表 6.4 L1 布局对应的参数优化结果

起点	终点	管径/mm	节点压力/MPa
1	2	150	0.3
2	3	150	0.2997
3	4	150	0.2973
4	5	150	0.2947
5	6	150	0.2932
6	7	150	0.2458
6	9	150	0.2138
7	8	150	0.213
9	10	150	0.245
13	14	150	0.2448
4	11	150	0.2942
11	12	150	0.2941
11	13	150	0.2942
14	15	150	0.2962
15	16	150	0.2942
16	19	150	0.2842
19	20	150	0.2744
17	18	150	0.2912
17	26	150	0.2941
26	24	150	0.2827
26	25	150	0.2942
24	23	150	0.2891
23	27	200	0.2929
27	28	250	0.188
28	29	150	0.1787
29	30	150	0.1567
29	31	150	0.2758
21	23	250	0.2747
21	22	150	0.2606
15	21	175	0.1978

（2）路径最短布局

基于风险损失最小布局的参数优化结果如表 6.5 所示，对应的建造成本为 413.74 万元，迭代收敛如图 6.5 所示。

表 6.5 L2 布局对应的参数优化结果

起点	终点	管径/mm	节点压力/MPa
1	2	150	0.3
2	3	150	0.2997
3	4	150	0.2973
4	5	150	0.2947
5	6	250	0.2932
6	7	250	0.2458
6	9	150	0.2138
7	8	150	0.213
9	10	150	0.245
13	14	150	0.2448
4	11	150	0.2945
11	12	150	0.2944
11	13	150	0.2932
14	15	150	0.2932
15	16	150	0.2931
16	19	175	0.2931
19	20	150	0.2847
17	18	150	0.2901
17	26	200	0.2931
26	24	150	0.2861
26	25	175	0.2931
24	23	150	0.2881
23	27	400	0.2981
27	28	350	0.1864
28	29	250	0.1201
29	30	250	0.1548
29	31	150	0.2747
21	23	350	0.2742
21	22	350	0.1743
15	21	350	0.0194

6.4.3 传统风险损失成本

基于本书提出的失效概率预测值和传统失效后果经济计算确定出 TRC，以便进行后续的对比验证过程。

(1) L2 对应的 TRC

运用 5.4.3 中的计算步骤，确定出风险损失最小布局对应的传统失效后果取值为

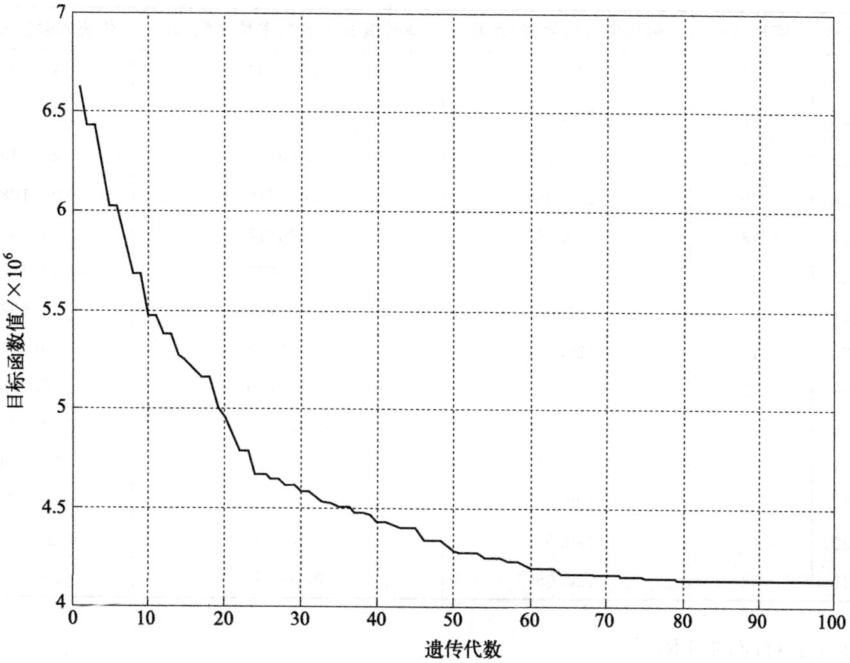

图 6.5　L2 目标函数的迭代收敛图

120.05 万元，则此布局中 30 条管段对应的具体结果如表 6.6 所示，传统风险损失值总和为 714.0877 万元。

表 6.6　布局 L2 对应的传统风险损失值

起点	终点	管长/km	传统失效后果值/万元	单位管长失效概率预测值/km	传统风险损失值/万元
1	2	25	120.05	0.006041	18.13055
2	3	20	120.05	0.007292	17.50809
3	4	35	120.05	0.005735	24.09704
4	5	40	120.05	0.005717	27.45303
5	6	31	120.05	0.006773	25.20606
6	7	18	120.05	0.006758	14.60336
6	9	27	120.05	0.00522	16.91985
7	8	23	120.05	0.005532	15.27468
9	10	12	120.05	0.00593	8.542758
13	14	16	120.05	0.007345	14.10828
4	11	24	120.05	0.005585	16.0915
11	12	54	120.05	0.006529	42.32555
11	13	47	120.05	0.007026	39.64315
14	15	18	120.05	0.007728	16.69944
15	16	27	120.05	0.006503	21.0785
16	19	38	120.05	0.005941	27.10225

续表

起点	终点	管长/km	传统失效后果值/万元	单位管长失效概率预测值/km	传统风险损失值/万元
16	18	26	120.05	0.006035	18.83705
18	20	47	120.05	0.007113	40.13404
16	17	34	120.05	0.00616	25.14327
26	24	29	120.05	0.007212	25.10822
25	24	48	120.05	0.006817	39.28228
24	23	63	120.05	0.005655	42.76961
23	27	27	120.05	0.005736	18.59238
27	28	14	120.05	0.006119	10.2842
28	29	37	120.05	0.005736	25.47845
29	30	47	120.05	0.006119	34.52554
29	31	19	120.05	0.005585	12.73911
21	23	20	120.05	0.006897	16.5597
21	22	40	120.05	0.006602	31.7028
15	21	38	120.05	0.00617	28.14692

(2) L1 对应的 TRC

利用前述计算步骤确定出风险损失最小布局对应的传统失效后果经济损失为 105.47 万元，则此布局中 30 条管段对应的具体结果如表 6.7 所示，传统风险损失值总和为 630.4788 万元。

表 6.7 布局 L1 对应的传统风险损失值

起点	终点	管长/km	传统失效后果值/万元	单位管长失效概率预测值/km	传统风险损失值/万元
1	2	25	105.47	0.006041	15.92861
2	3	20	105.47	0.007292	15.38174
3	4	35	105.47	0.005735	21.17047
4	5	40	105.47	0.005717	24.11888
5	6	31	105.47	0.006773	22.1448
6	7	18	105.47	0.006758	12.82979
6	9	27	105.47	0.00522	14.86494
7	8	23	105.47	0.005532	13.41958
9	10	12	105.47	0.00593	7.505245
13	14	16	105.47	0.007345	12.39483
4	11	24	105.47	0.005585	14.1372
11	12	54	105.47	0.006529	37.18514
11	13	47	105.47	0.007026	34.82851
14	15	18	105.47	0.007728	14.6713
15	16	27	105.47	0.006503	18.51853
16	19	38	105.47	0.005941	23.8107
19	20	42	105.47	0.006116	27.09229

续表

起点	终点	管长/km	传统失效后果值/万元	单位管长失效概率预测值/km	传统风险损失值/万元
17	18	53	105.47	0.006507	36.37354
17	26	36	105.47	0.006273	23.81808
26	24	29	105.47	0.007212	22.05884
26	25	32	105.47	0.007183	24.24291
24	23	63	105.47	0.005655	37.57527
23	27	27	105.47	0.005736	16.33435
27	28	14	105.47	0.006119	9.035193
28	29	37	105.47	0.005736	22.38411
29	30	47	105.47	0.006119	30.33243
29	31	19	105.47	0.005585	11.19195
21	23	20	105.47	0.006897	14.54853
21	22	40	105.47	0.006602	27.85252
15	21	38	105.47	0.00617	24.7285

6.4.4 结果对比分析

两种优化布局对应的参数优化结果，包括建造成本、TRC及综合成本如表6.8所示。L1的3个成本相比L2的3个成本的百分比如图6.6所示。

表6.8 两种布局对应的综合成本

布局	总造价/万元	传统风险损失成本/万元	综合成本/万元	预测风险损失成本/万元
L1	471.32	630.4788	1101.799	355.69
L2	413.73	714.0877	1127.828	488.53

表6.8表明，本书建立的布局优化方法确定的L1对应的传统风险损失成本相比传统的L2对应的传统风险损失成本要小，与RFV的大小关系相同。此结果表明了本书建立的布局优化方法的正确性。

图6.6表明，本书建立的基于风险损失最小布局优化方法所确定的风险损失最小布局L1造成的风险损失成本相比传统布局优化所确定的L2造成的风险损失成本少83.6089万元，即11.709%。另外，基于两布局参数优化确定的建造成本可知，风险损失最小布局L1的建造成本相比L2的建造成本多57.59万元，即13.917%。通过对比两布局对应的综合成本（上述两种成本总和）表明，尽管此实例风险损失最小布局的风险损失最小，建造成本并非最小，但前者的综合成本相比后者却要节省约2.308%，即26.0189万元。

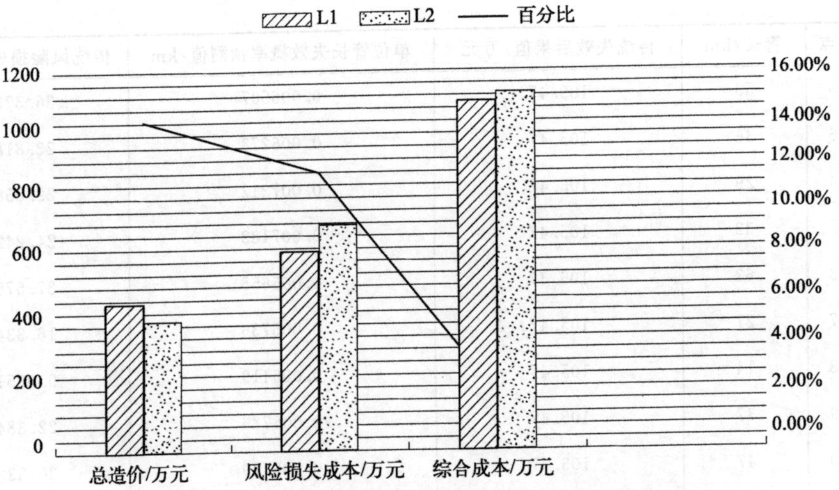

图 6.6　L1 的 3 个成本相比 L2 的 3 个成本的差值百分比

6.5 本章小结

本章针对基于失效风险超前预测的布局优化方法涉及的关键步骤，包括 RFV、基于风险最小化的布局优化模型的建立、算法的实现步骤、GA 参数优化和风险评价技术进行了详细演示。运用验证步骤计算出两种布局分别对应的 TRC，通过三种成本的对比分析，以验证基于风险损失最小化布局优化方法的可行性和经济性，从而确定最优布局规划方案。

利用构建的完整布局优化方法，求解四川省某区的中压枝状天然气管网，得到风险损失最小优化布局。首先，基于选取的管网系统的基础数据，应用上述编制的布局优化求解程序确定出两种优化布局 L1 和 L2；然后，调用编制的参数优化求解程序计算出两种优化布局对应的建造成本和参数优化结果；最后计算出两种布局对应的 TRC 和综合成本，并对三个成本进行对比分析，以确定出风险损失最小的优化布局。此实例表明，本书提出的布局优化方法能够实现在城市天然气管网的规划阶段，利用布局优化设计降低运行期的风险损失，以便在规划城市天然气管网系统时，决策者能设计出更安全或更具侧重点的布局方案。

第7章 结论

城市天然气管网系统因所具备的优点成为油气运输和供应的首选规划方案，由于所运输介质即天然气具有易燃易爆和毒性特点，致使管道泄漏引发的火灾、中毒和爆炸等事故的危害极为严峻。因而管网系统布局的不合理规划或是任意主观的设计方案，不仅增加建设运行成本，更严重的是会给管网系统周边的人员、公共设施和环境保护埋下极其巨大的安全隐患。本书通过分析天然气管网失效因素与土壤成分的内在联系，结合选定的定量风险评价中货币化的失效后果，并应用数据分析理论确定的自变量优化组合，建立了风险损失成本模糊预测模型，同时对数学模型进行了对比验证分析。基于已选定的自变量优化组合和风险损失成本的定义，运用 Origin 多元非线性拟合函数和神经网络预测模型建立了风险损失成本模糊预测模型，同时对预测模型进行了对比验证分析。在此基础上，应用图论中最小生成树算法，建立了以风险损失最小化为目的的布局优化方法，并提出了与常规优化算法进行对比分析的验证方法。本书通过布局优化方法的建立、验证和应用三个关键环节的研究，构建了布局优化方法的完整步骤，主要包括如下创新和结论。

（1）失效后果模糊预测模型的提出

基于 4 个土壤腐蚀等级和 4 个失效后果经济损失分区理论，利用 3 种建模技术发现其中具有内在一一对应的模糊关系，以此建立 FMF，通过与传统理论和实测值进行对比验证，最终确定出精度最高的 BP 神经网络 BP-FPF。

（2）风险损失最小化布局优化数模的建立

基于管道的风险损失模糊预测值在规划布局阶段得到最小化风险损失的当量费用长度，通过编制的求解算法确定出风险损失模糊预测值最小的优化布局。

（3）风损最小优化布局验证方法的建立

提出一种针对无理论和实测数据可供对比的新问题的验证方法，基于参数优化数模和 TRC 计算原理，使无理论可依的新问题转换成有理论可循的常规问题，从而完善本书所建立的布局优化方法。

(4) 布局优化方法中关键步骤之 FPM 的建立

基于故障树建模确定出的 221 个失效因素，选取其中可在规划阶段予以确定的 92 个风险因素作为输入变量。以此为基础，进一步对其进行预测模型分析，利用 BP 和 RBF 两种神经网络，分别建立失效概率的两种预测模型，并运用预测模型计算一管网实例的失效概率预测值，与应用故障树分析方法计算获得的理论失效概率值进行对比分析。结果表明预测结果与理论值之间的误差不差过 3%，从而验证了所建立的 RBF 神经网络预测模型的准确性和高效性。将 RBF 神经网络应用于天然气管网失效概率计算方法的尝试表明 RBF 神经网络预测模型的径向基网络创建函数和扩展速度 spread 值对预测精度会造成极大影响。通过多次反复试算分析，最终确定了性能最好的 RBF 预测模型网络，决定系数 R^2 为 0.9827，对应的参数组合：径向基函数为 newrbe 和 spread 为 0.3。

(5) 布局优化方法中关键步骤之 FMF 的建立

通过反复试验发现了失效后果等级分区和土壤腐蚀等级分区的一一对应关系，以此提出 FMF，即预测模型的因变量取值。然后对自变量的选取进行分析，通过详细论述土壤腐蚀的主要影响因素，确定与 FMF 中土壤腐蚀等级分区对应的 5 个指标作为初选自变量。对初选自变量与失效后果的相关性进行分析，最终确定除含盐量（%）外的电阻率（Ω·m）、氧化还原电位（mV）、pH 值和含水量（%）这 4 个土壤成分作为自变量。基于上述确定的自变量和因变量，应用线性回归、非线性拟合和神经网络三种预测模型建立方法建立失效后果模糊预测模型，通过对所得的各种模型进行对比分析，最终确定出计算误差相对最为理想的三种模糊预测模型，包括逐步线性回归模型 $y=259.156+991.215x_1+36.331x_2-0.829x_3$、非线性拟合模型 $y=444.61815-911.97361x_1+399.86108x_2+138.8713x_3-81.96061x_4$、训练函数 trainlm 的 BP 神经网络模型。对应的决定系数 R^2 分别为 0.864、0.89966 和 0.9437。最后，通过实例验证分析，最终选取预测精度最高的 BP 神经网络作为失效后果模糊预测模型。

(6) 基于风险损失最小化的布局优化方法的构建

基于城市天然管网的特点以及枝状和环状管网的异同，结合前述章节建立的失效概率和风险损失模糊预测模型，分别构建可以在布局规划阶段实现风险损失最小化的枝状和环状管网优化布局数学模型；并通过 ACO、GA 和 Kruskal 算法的详细设计，编制出相应的 Matalb 程序，以求解两种不同布局优化数模。结合上述布局优化数模与求解算法，建立基于风险损失最小化的完整布局优化方法，并对涉及的当量长度和验证环节两个关键步骤进行详细论述。同时提出了针对性超前预测方法，以及其涉及的核心步骤、关键环节和可行性分析。

(7) 风损最小优化布局的验证

基于已有的验证方法理论，结合枝状网和环状两种城市天然气管网系统的参数优化数模，建立布局优化方法的可行性验证方法，并编制 GA 的 Matlab 程序对两种参数优化数学模型进行求解。利用一中压环状管网实例演示完整的验证步骤，并对比分析两种优化布局的三种成本，结果表明 L1 对应的 TRC 较 L2 对应的 TRC 要小，验证了所构建的布局优化方法的可行性，从而完善了本书提出的布局优化方法。同时，L1 的总造价成本要比 L2 的总造价成本少 28.8 万元。由此可见，环网布局优化的目标函数不仅指的路径最短，同时还需满足可靠性最好，从而导致环网的参数优化结果并不像枝网的路径最短布局 L2 的建造成本最小。另外，环网实例结果表明本书提出的布局优化方法应用于环状管网系统时不仅可以最小化风险损失，还可使建造成本与综合成本更小，使基于风险损失最小化的布局优化方法实现整体优化。

（8）布局优化方法的应用

通过选取的中压枝状管网演示最小化风险损失的布局优化方法的完整计算步骤，对比 L1 和 L2 两优化布局对应的传统风险损失表明，本书建立的布局优化方法所确定的风险损失最小布局造成的风险损失成本确实比传统布局优化所确定的布局造成的风险损失成本小。另外，基于两布局参数优化确定的建造成本可知，L1 布局的建造成本相比 L2 布局的建造成本大。通过对比两布局对应的综合成本（上述两种成本总和）表明，尽管此实例风险损失最小布局的风险损失最小，建造成本并非最小，但前者的综合成本相比后者要小 2.308%，即节省约 26.0189 万元。因此，本书提出的在规划布局阶段对管网风险损失进行最小化的布局优化方法，不仅可以降低风险损失成本，对于有的工程实例还可使综合成本更小，使得决策者可以依据所需考虑的不同侧重点（环境安全优先或建造成本优先）进行相应的管网布局规划。

本书旨在解决在天然气管网项目规划阶段实现风险损失成本最小化这一迫切难题，因此布局优化方法的构建、验证及其应用是本书的研究重点，针对 2 种预测模型的建立、布局优化数模的改进、求解算法设计及布局优化方法的可行性验证做了大量工作。但对其中涉及的关于算法、数模和应用拓展方面存在以下 3 点研究构想。

① 算法展望。神经网络预测模型算法和验证步骤中的智能算法的改进，因为这涉及算法方面的进一步研究，本书主要侧重于布局优化方法的创新和验证。

② 数模展望。风险损失模糊预测模型还可进一步对自变量的选取进行深入研究，可利用统计分析方法对 221 种风险因素进行详细的统计分析，选取使得拟合函数更加优化的自变量最优组合。拟合函数设计的进一步研究可借鉴有关杂乱数据拟合相关理论，另外，结合大数据方面较为相关的研究进行数据整合[183-185]，以提高失效后果模糊预测模型的预测精度，从而使得风险损失模糊预测值与传统风险损失值更为接近。

③ 应用拓展。调压站等站场的选址问题可借鉴本书的布局优化方法进行进一步分析研究。此方法步骤可以应用于如 LNG 站或是其他涉及管线规划领域，以实现综合成本最优或是侧重风险损失和成本等其他某方面的规划分析[186]。结合 GIS 以及相关方面的研究基础[187-192]，可将此布局优化方法应用于加气站选址以及长输管线中涉及的门站等选址问题。

附录A

城市天然气管网失效故障树模型

注：故障树分析采用标准布尔符号，如图 A.1～图 A.11 所示，且图中序号表示内容见表 2.4。

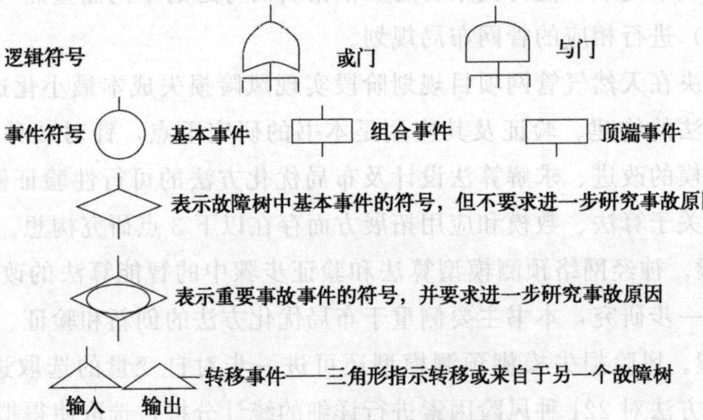

图 A.1　故障树标准符号

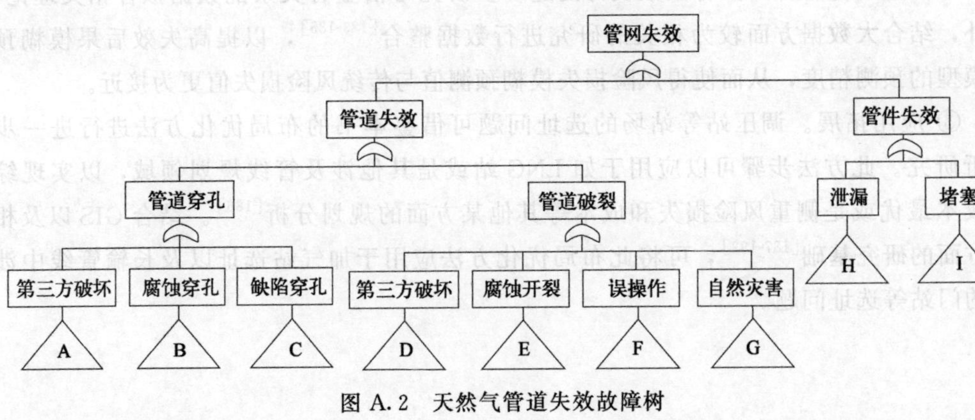

图 A.2　天然气管道失效故障树

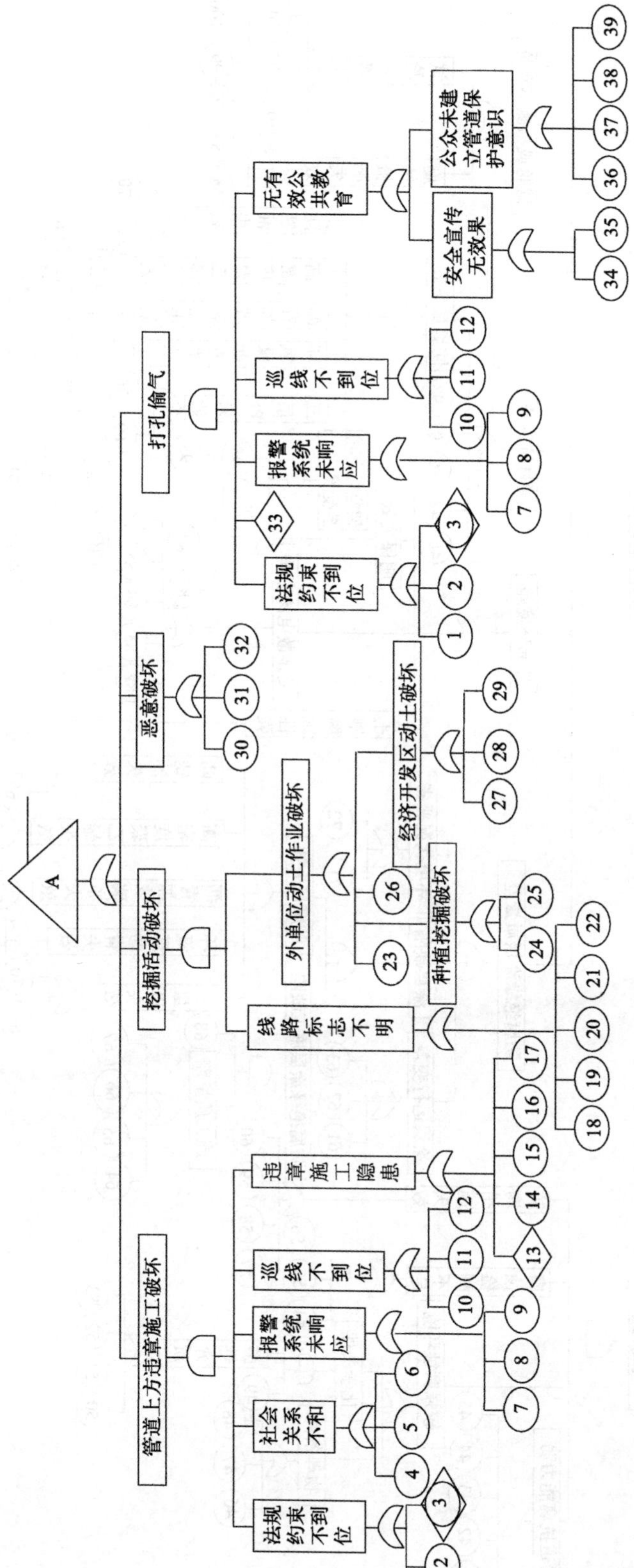

图 A.3　天然气管道穿孔故障树（1）

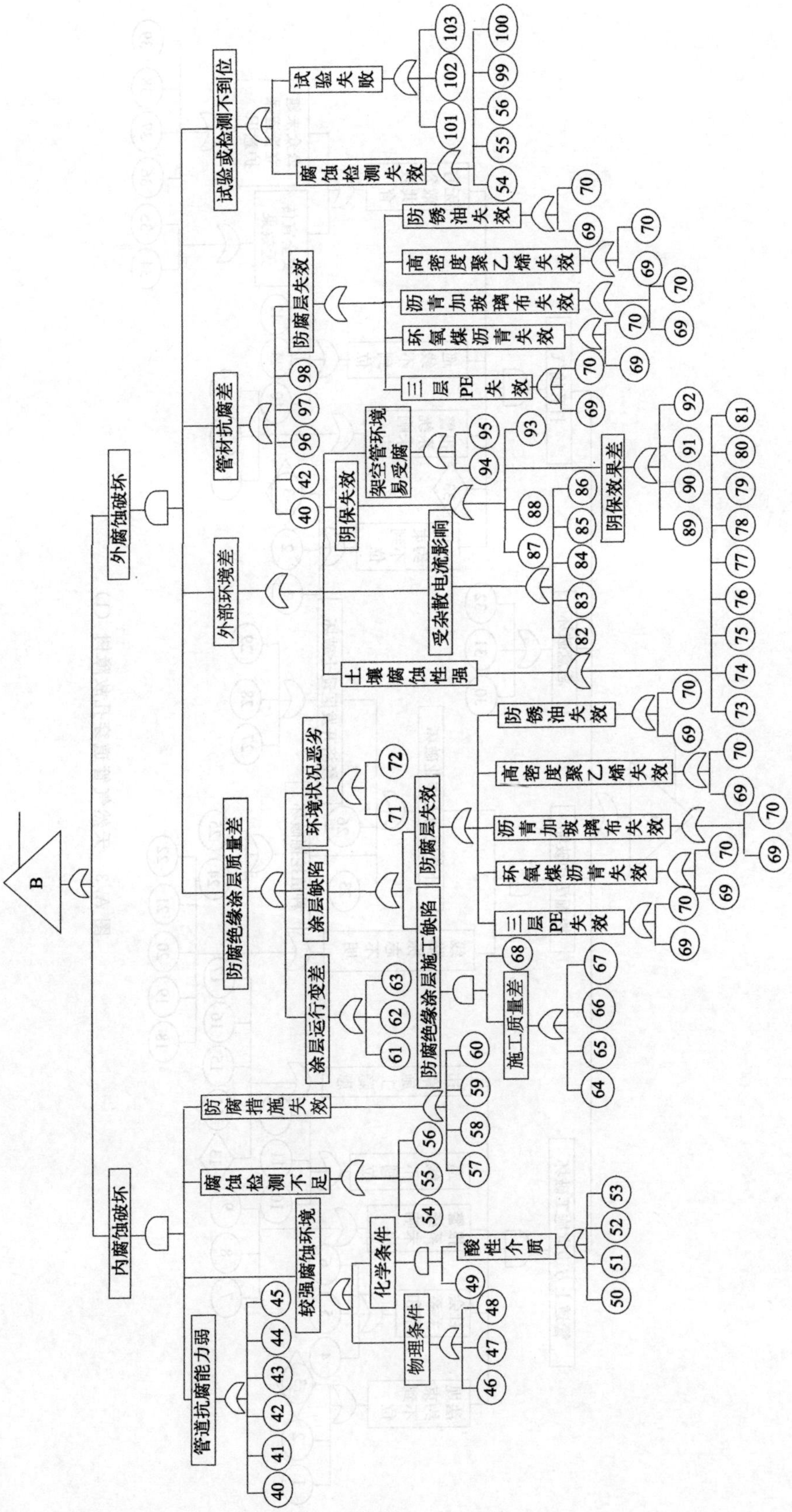

图 A.4 天然气管道穿孔故障树（2）

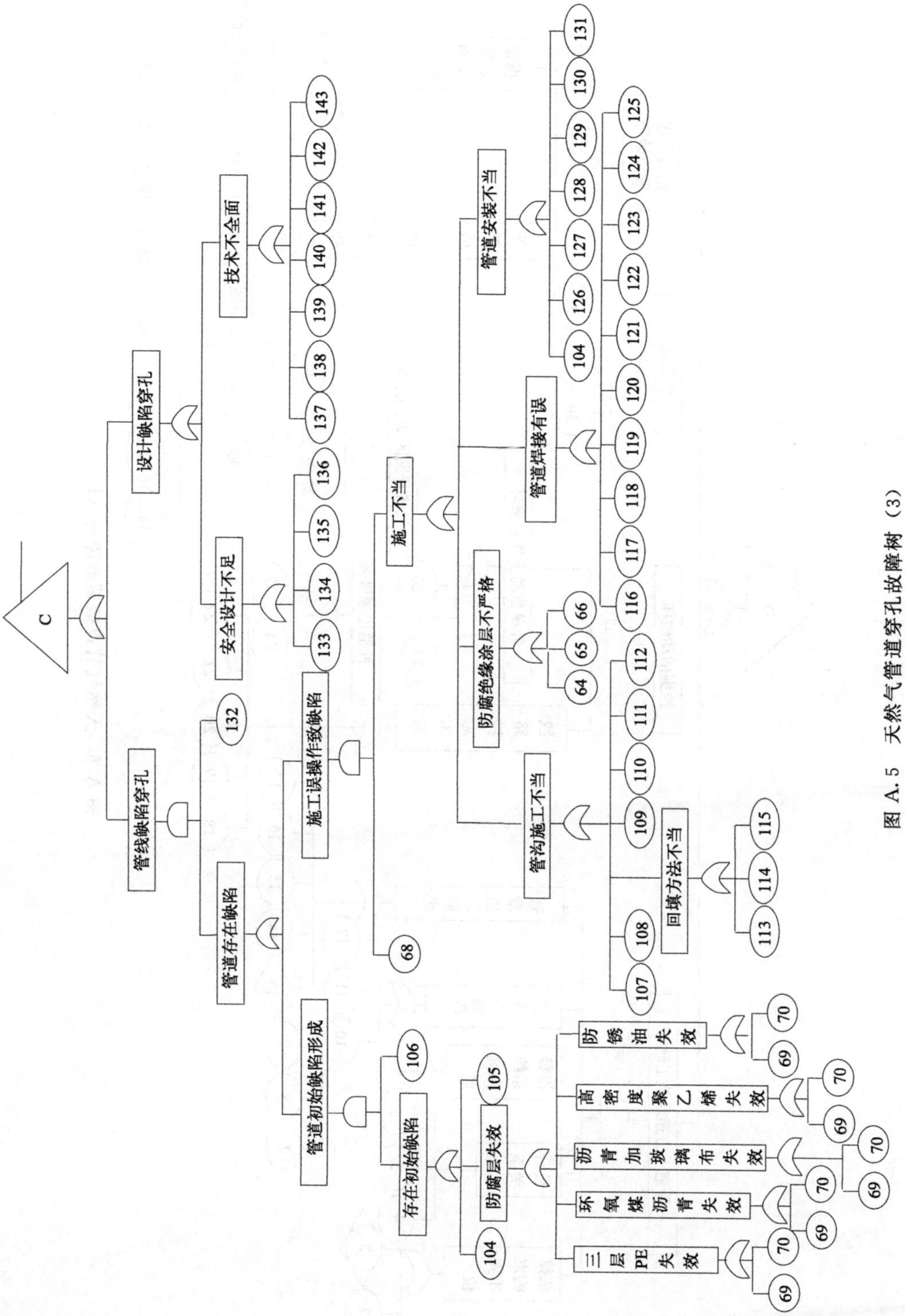

图 A.5 天然气管道穿孔故障树（3）

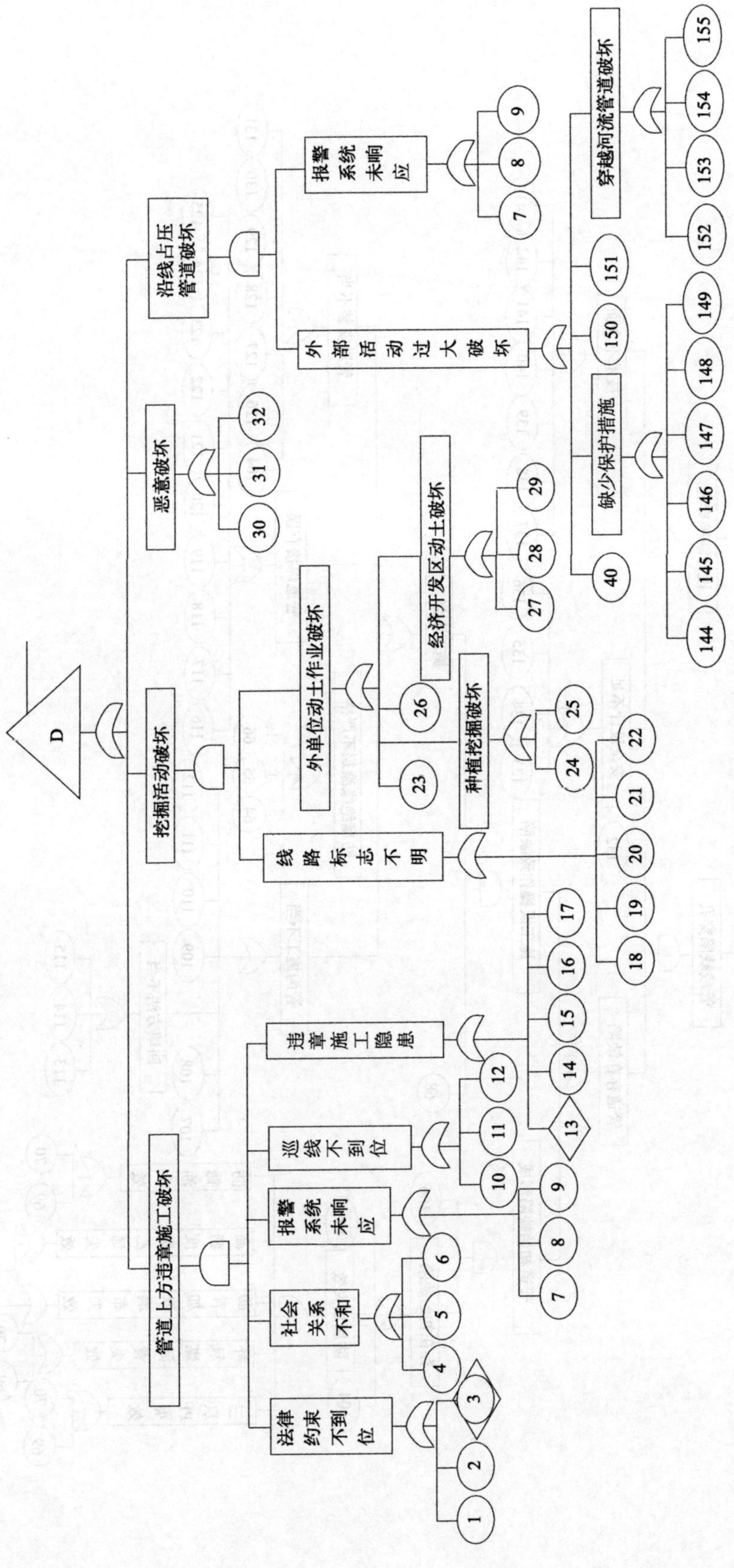

图 A.6　天然气管道破裂故障树（1）

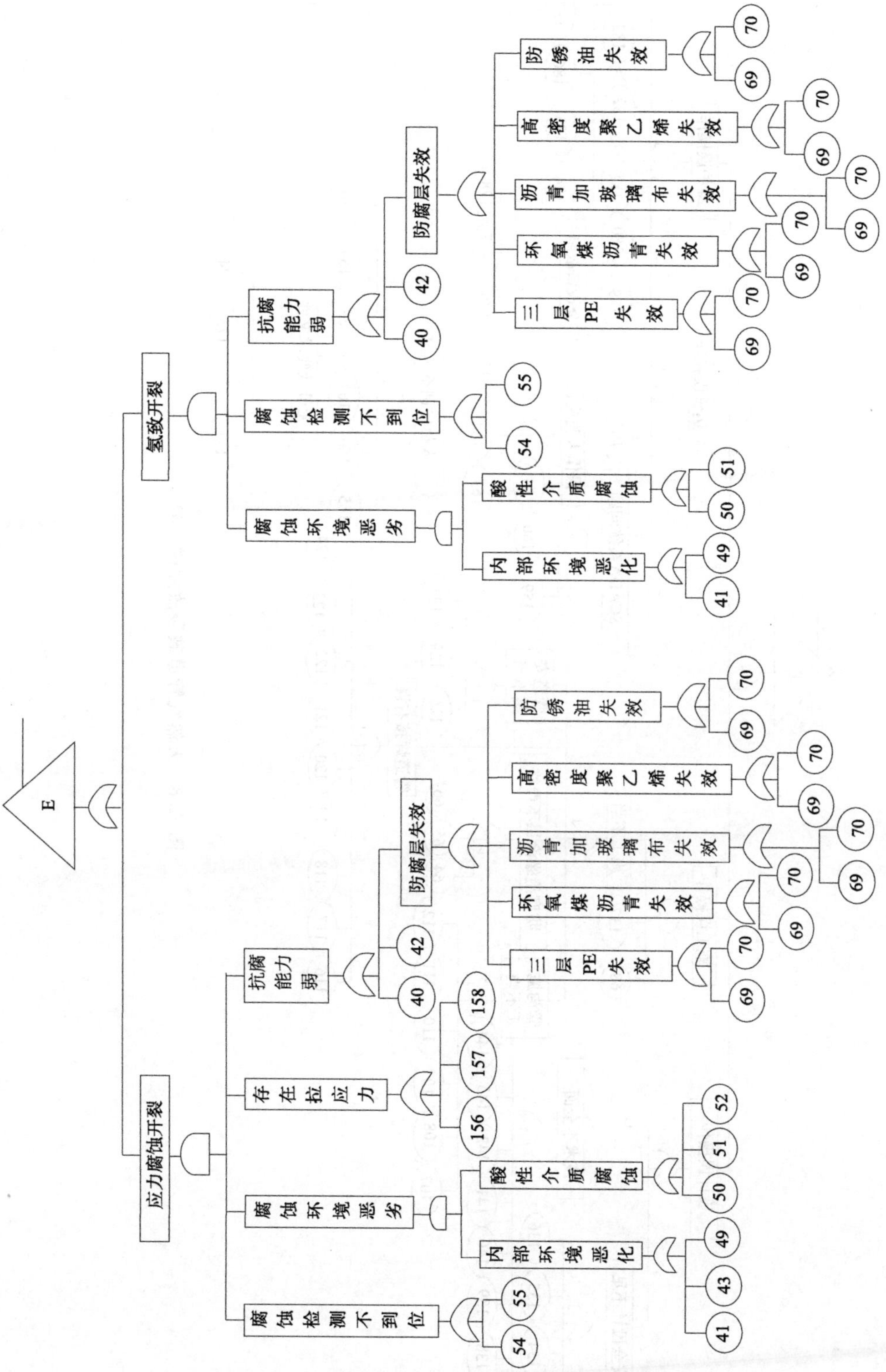

图 A.7 天然气管道破裂故障树（2）

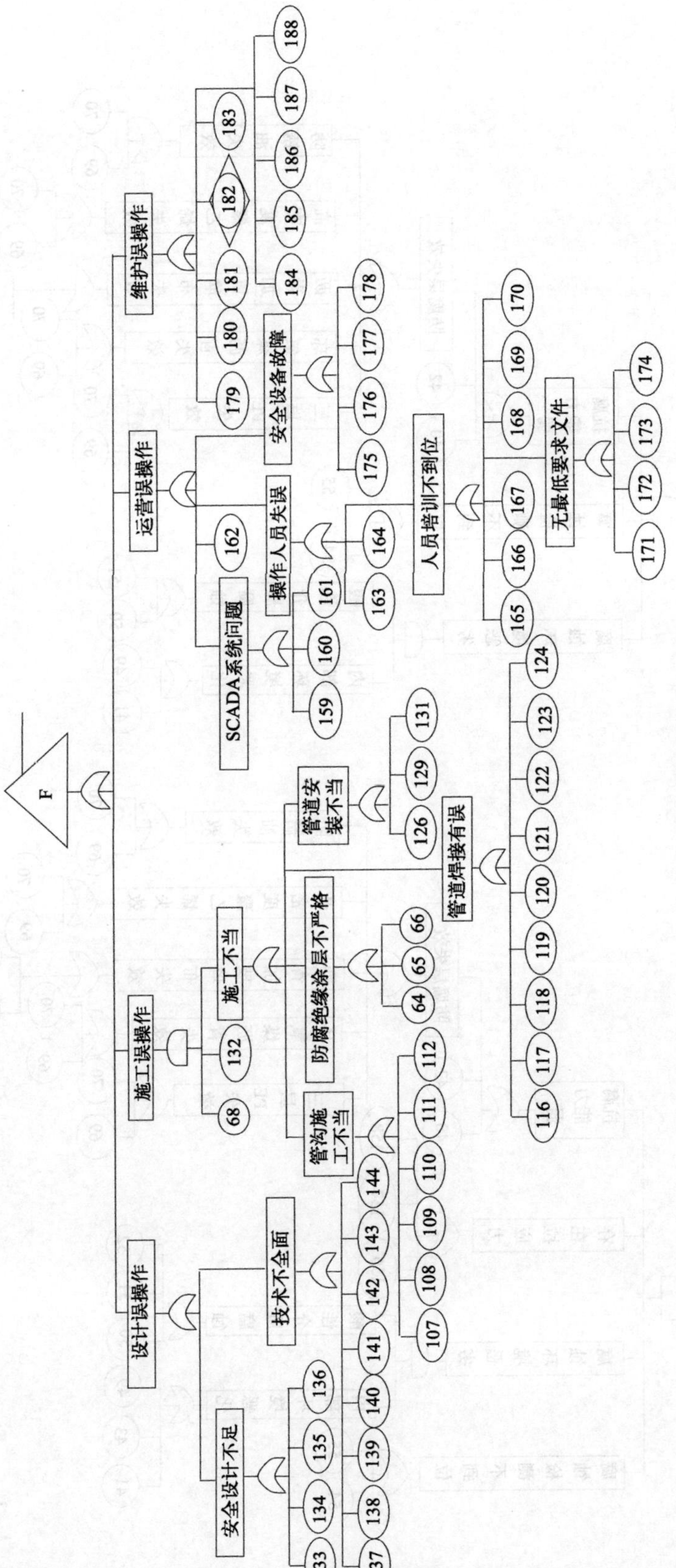

图 A. 8　天然气管道破裂故障树（3）

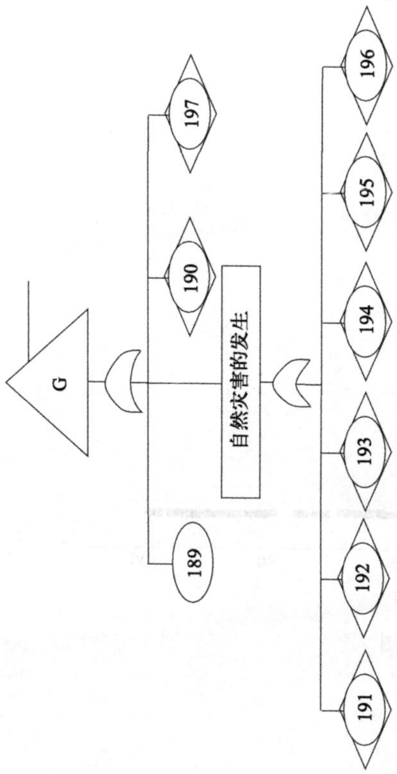

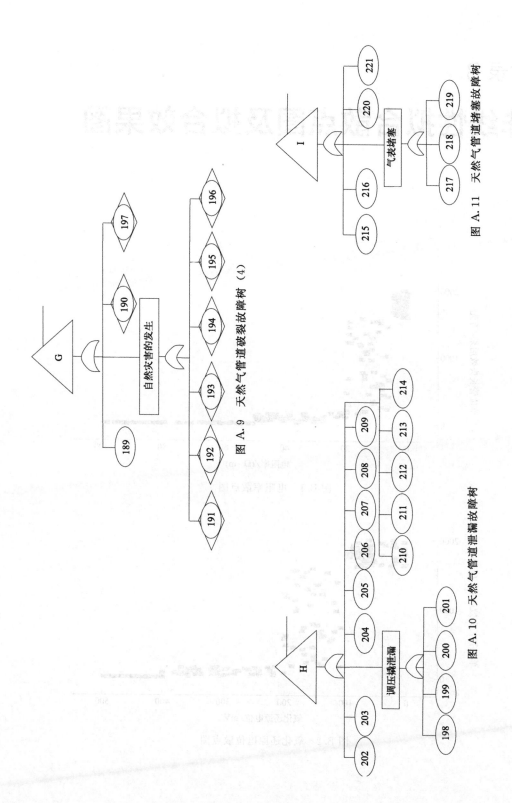

图 A. 9　天然气管道破裂故障树（4）

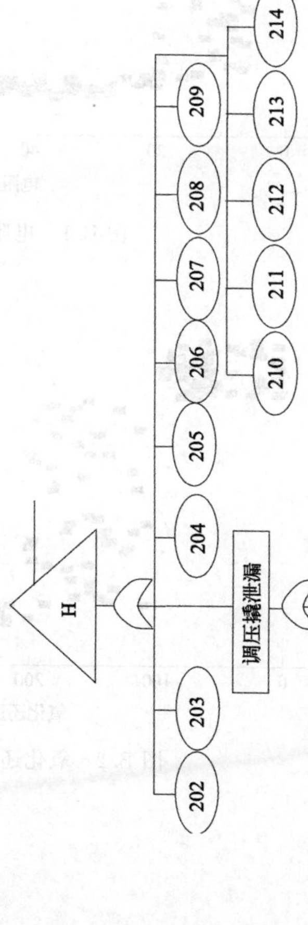

图 A. 10　天然气管道泄漏故障树

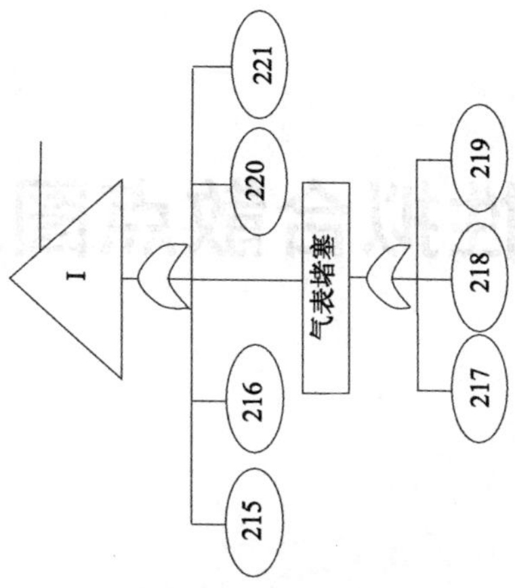

图 A. 11　天然气管道堵塞故障树

附录 B

非线性拟合散点图及拟合效果图

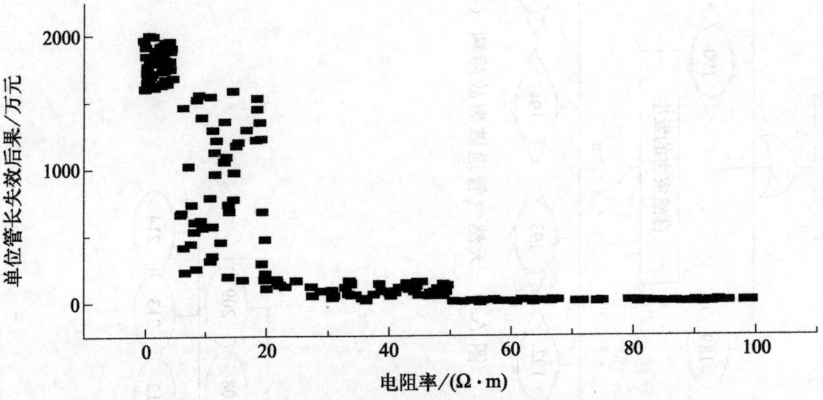

图 B.1 电阻率散点图

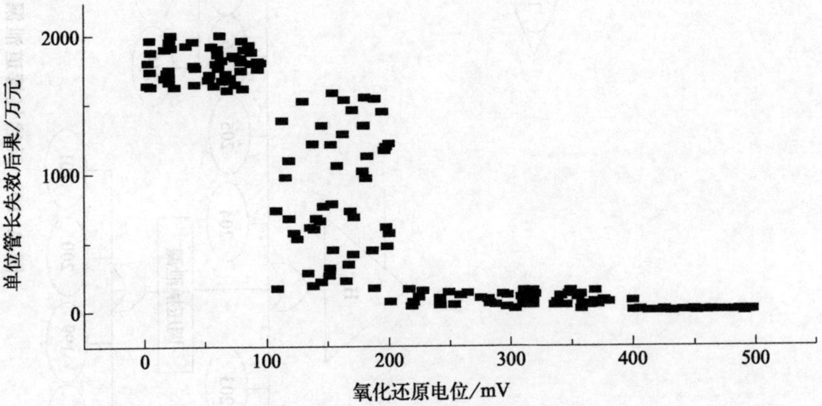

图 B.2 氧化还原电位散点图

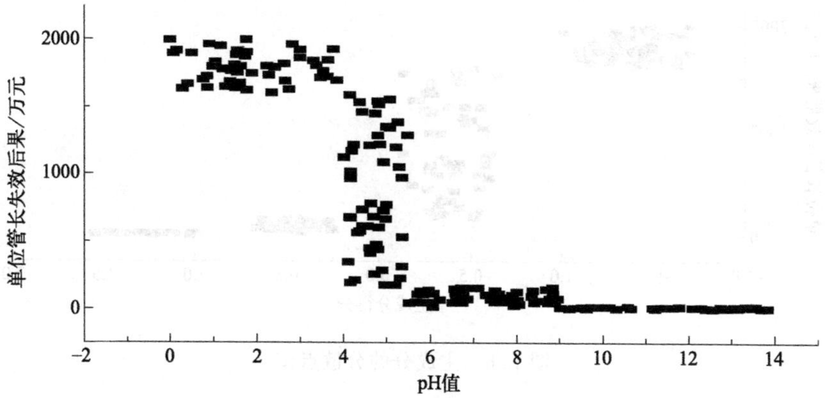

图 B.3　pH 值散点图

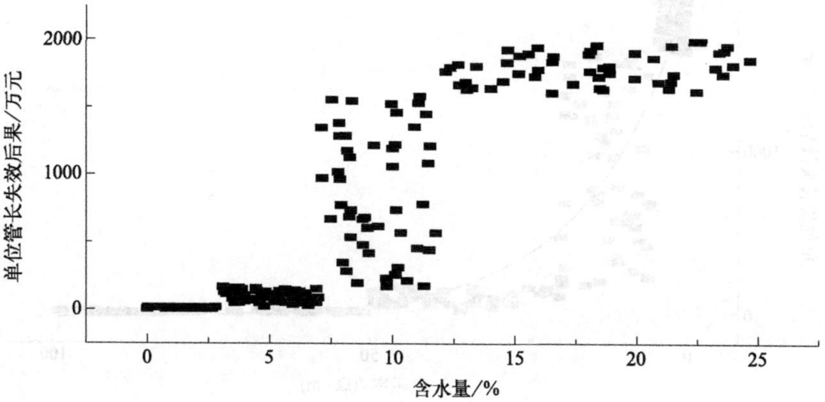

图 B.4　含水量散点图

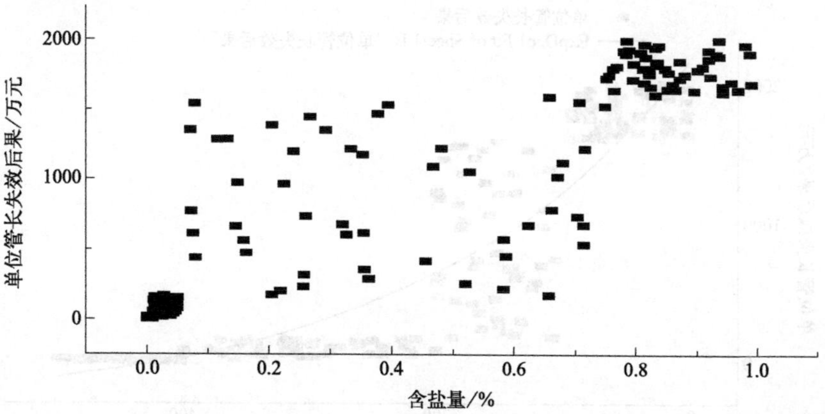

图 B.5　含盐量散点图

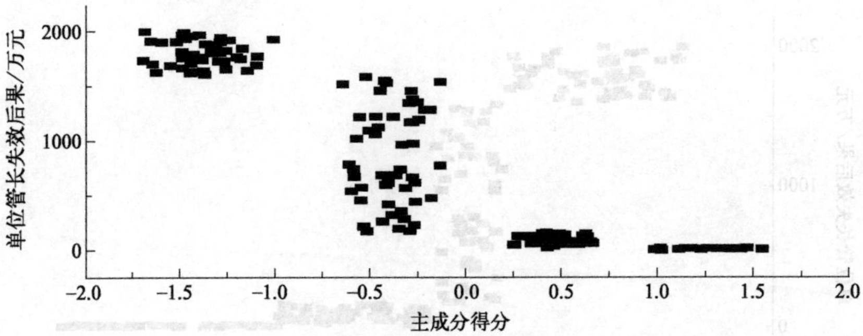

图 B.6　主成分的分散点图

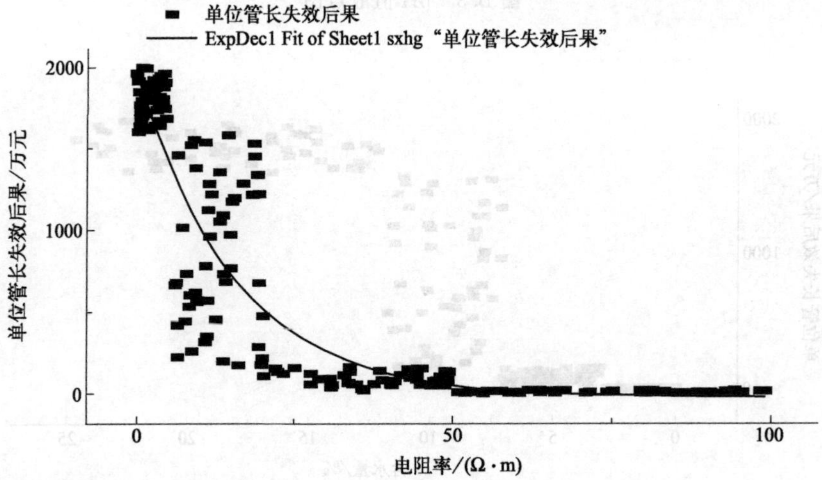

图 B.7　ExpDec1 拟合效果图（1）

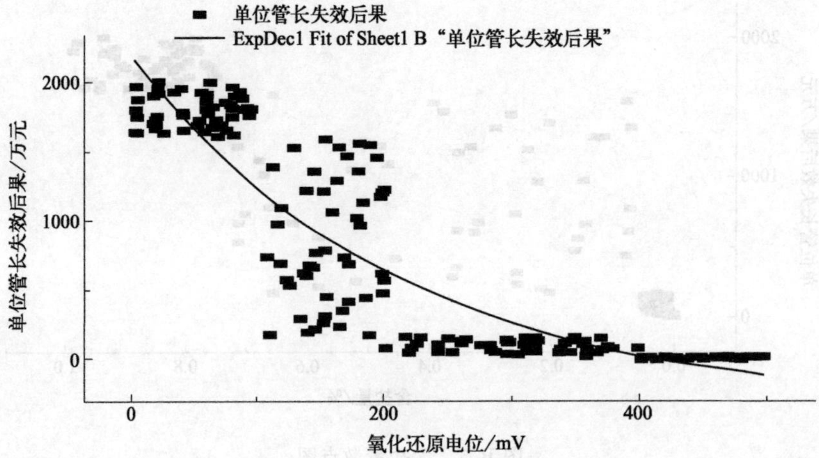

图 B.8　ExpDec1 拟合效果图（2）

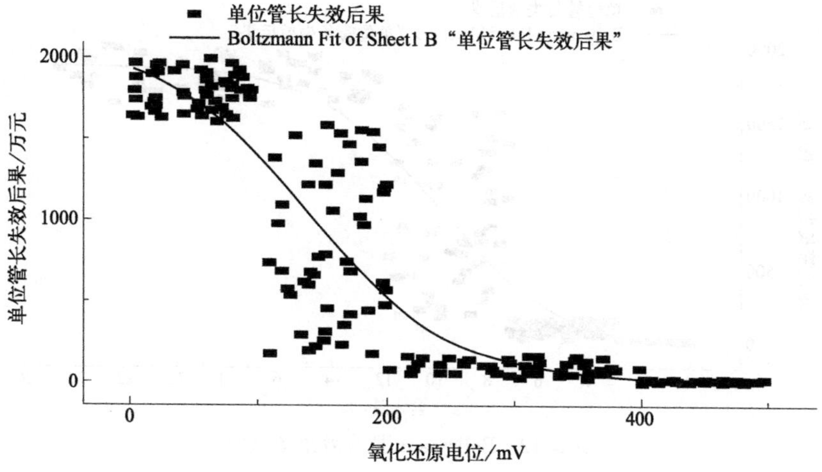

图 B.9 Bolizmann 拟合效果图（1）

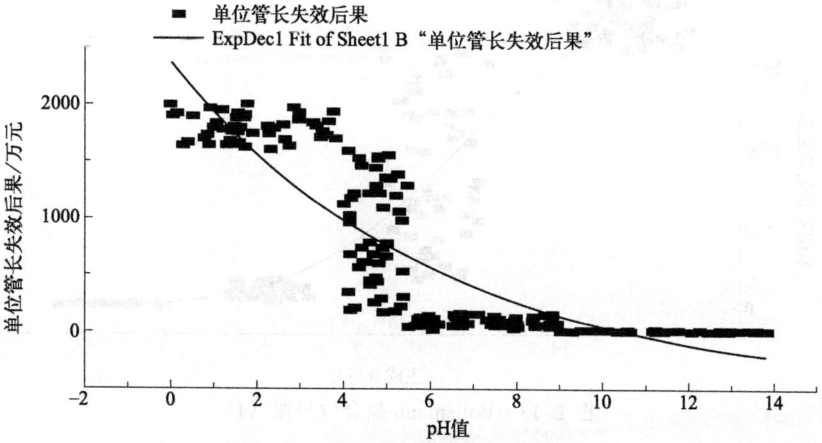

图 B.10 ExpDec1 拟合效果图（3）

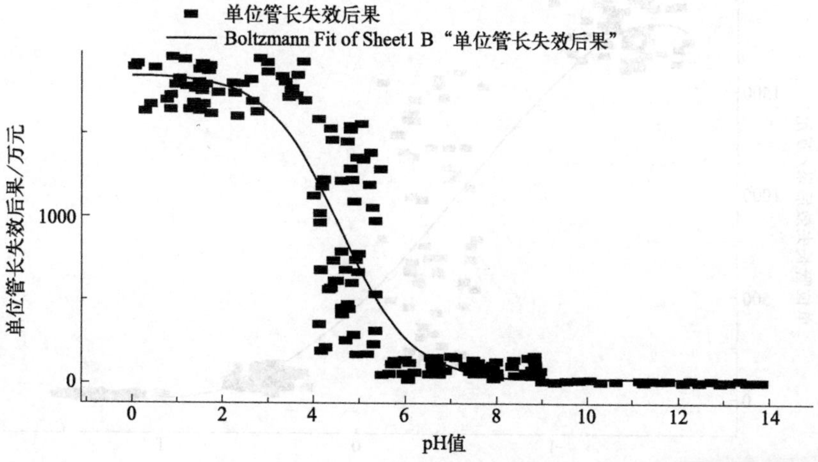

图 B.11 Bolizmann 拟合效果图（2）

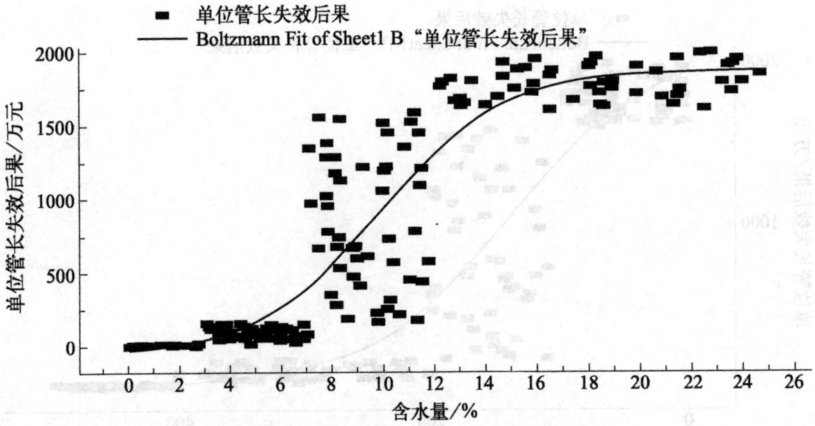

图 B. 12 Bolizmann 拟合效果图（3）

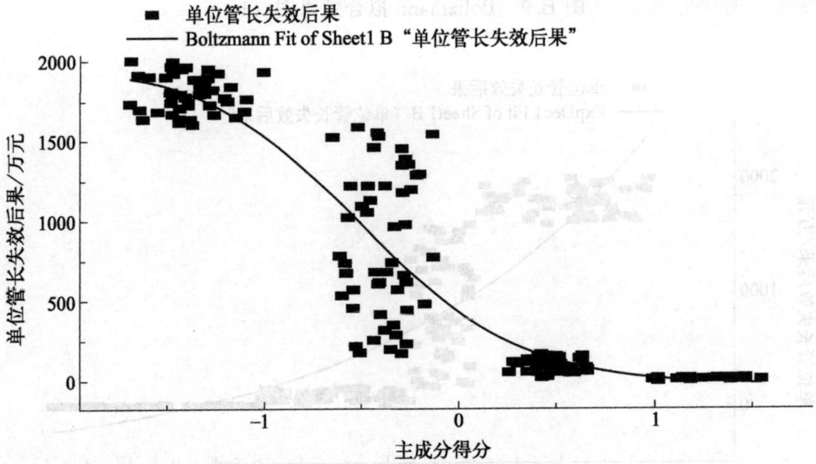

图 B. 13 Bolizmann 拟合效果图（4）

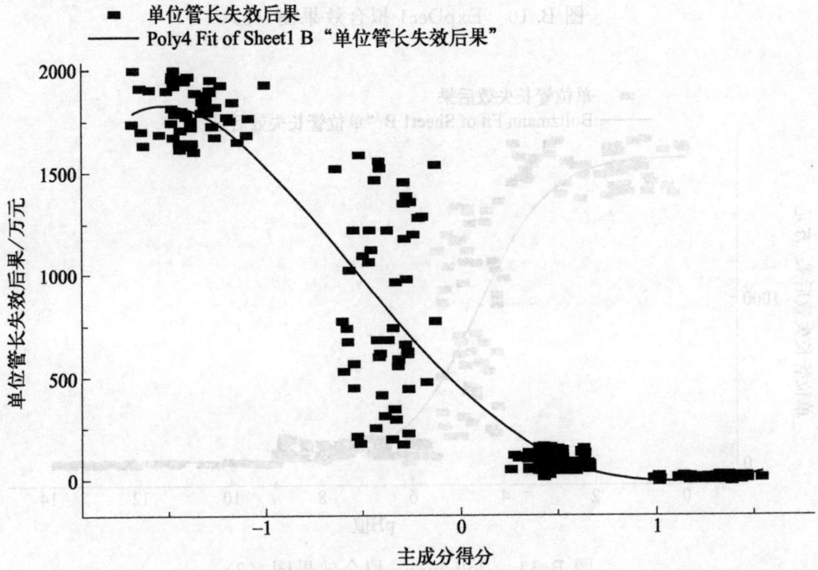

图 B. 14 Poly4 拟合效果图

附录 C

逐步回归分析步骤说明

表 C.1 描述统计表

项目	平均值	标准偏差	个案数
单位管长失效后果/万元	686.130472	755.4904513	200
电阻率/Ω·m	31.501121	28.5956708	200
氧化还原电位/mV	240.368505	154.5074111	200
pH 值	6.379803	3.7187067	200
含水量/%	8.499877	6.5835432	200
含盐量/%	0.320135	0.3639876	200

表 C.2 引入和除去的变量

模型	输入的变量	除去的变量	方法
1	含盐量/%	—	步进(条件:要输入的 F 的概率≤0.050,要除去的 F 的概率≥0.100)
2	含水量/%	—	步进(条件:要输入的 F 的概率≤0.050,要除去的 F 的概率≥0.100)
3	氧化还原电位/mV	—	步进(条件:要输入的 F 的概率≤0.050,要除去的 F 的概率≥0.100)

注：因变量为单位管长失效后果（万元）。

表 C.3 模型摘要

模型	R	R^2	调整后 R^2	标准估算的误差
1	0.906[a]	0.822	0.821	319.8561408
2	0.925[b]	0.856	0.855	287.8986365
3	0.928[c]	0.864	0.860	283.1092847

a 预测变量：(常量)，含盐量（%）；

b 预测变量：(常量)，含盐量（%），含水量（%）；

c 预测变量：(常量)，含盐量（%），含水量（%），氧化还原电位（mV）。

表 C.4 方差分析

模型		平方和	自由度	均方	F	显著性
1	回归	93325424.320	1	93325424.320	912.201	0.000[a]
	残差	20256974.250	198	102307.951		
	总计	113582398.600	199			
2	回归	97253930.470	2	48626965.230	586.675	0.000[b]
	残差	16328468.100	197	82885.625		
	总计	113582398.600	199			
3	回归	97872828.620	3	32624276.210	407.036	0.000[c]
	残差	15709569.950	196	80150.867		
	总计	113582398.600	199			

a 预测变量：(常量)，含盐量（%）；

b 预测变量：(常量)，含盐量（%），含水量（%）；

c 预测变量：(常量)，含盐量（%），含水量（%），氧化还原电位（mV）。

注：因变量为单位管长失效后果（万元）。

表 C.5 回归系数表

模型		未标准化系数		标准化系数	t	显著性
		B	标准误差	Beta		
1	(常量)	83.821	30.154		2.780	0.006
	含盐量/%	1881.425	62.293	0.906	30.203	0.000
2	(常量)	−73.998	35.526		−2.083	0.039
	含盐量/%	1115.963	124.523	0.538	8.962	0.000
	含水量/%	47.397	6.885	0.413	6.885	0.000
3	(常量)	259.156	124.878		2.075	0.039
	含盐量/%	991.215	130.422	0.478	7.600	0.000
	含水量/%	36.331	7.855	0.317	4.625	0.000
	氧化还原电位/mV	−0.829	0.298	−0.169	−2.779	0.006

注：因变量为单位管长失效后果（万元）。

结果分析如下。

表 C.1 表示因变量和自变量用于回归分析的基本数据统计，包括对应的均值(mean)、标准差（std. deviation）和例数（N）。

表 C.2 表示变量的引入与剔除计算步骤。逐步回归法首先是引入变量含盐量（%），建立模型 1，然后引入变量含水量（%），建立模型 2，没有剔除变量，最后引入变量氧化还原电位（mV），建立模型 3，也无变量除去。

表 C.3 表示各模型的拟合情况。模型 3 对应的复相关系数 R 为 0.928，决定系数 R^2（R square）为 0.864，调整判定系数（adjusted R square）为 0.860，估计值的标准误差（std. error of the estimate）为 283.109284。

表 C.4 表示各模型对应的方差分析结果。模型 3 的回归均方（regression mean

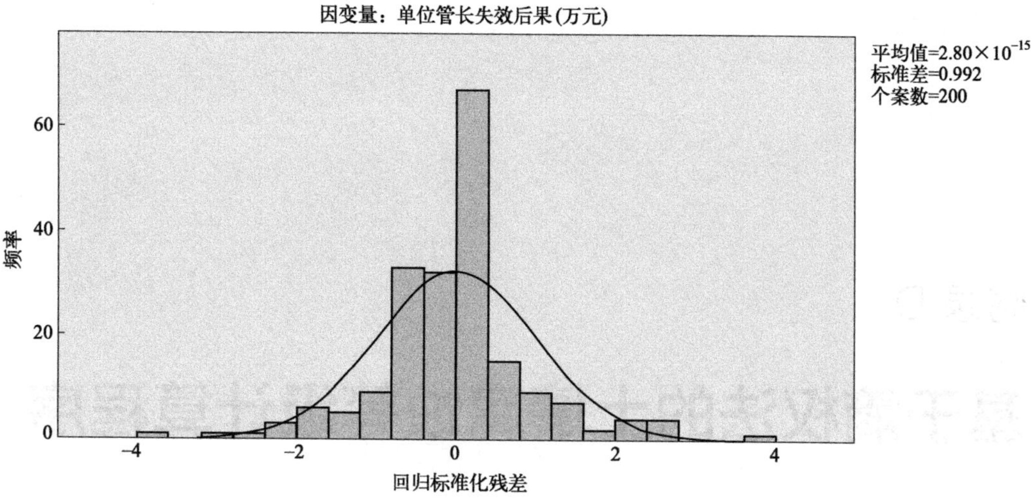

图 C.1 回归标准化残差图

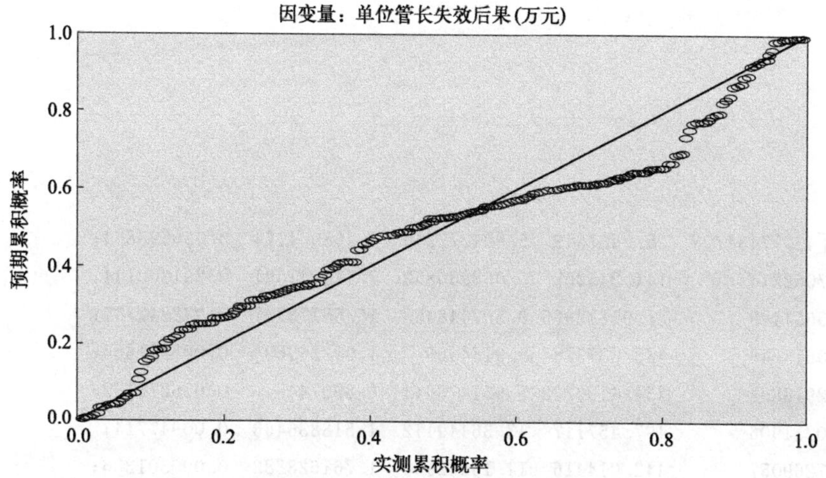

图 C.2 回归标准化残差正态 P-P 图

square）为 32624276.210，残差均方（residual mean square）为 80150.867，$F=407.036$，显著性概率 P 为 0.000。以上结果表明线性回归模型显著。

表 C.5 表示各模型的偏回归系数结果。模型 3 的常数项（constant）为 259.156，自变量含盐量（%）的回归系数为 991.215，其对应的回归系数标准误差（std. error）为 130.422，回归系数 t 检验的 t 值为 7.6，P 为 0.000；自变量含水量（%）的回归系数为 36.331，其对应的回归系数标准误差为 7.855，回归系数 t 检验的 t 值为 4.625，P 为 0.000；自变量氧化还原电位（mV）的回归系数为−0.829，回归系数标准误差为 0.298，回归系数 t 检验的 t 值为−2.779，P 为 0.006。基于 $\alpha=0.1$ 水平可知，三个偏回归系数都显著有意义。模型 3 的回归方程为 $y=259.156+991.215x_1+36.331x_2-0.829x_3$。

正确的回归模型对应的残差的分布必须是正态分布，否则就会使得得到的回归方程没有任何实际的意义。由图 C.1 和图 C.2 可知直方图大概符合正态分布且点几乎都围绕在线的周围，则可认为回归数据符合正态分布。

附录 D

基于熵权法的土壤腐蚀等级计算程序

```
xij=[42.77484705    25.0607849    5.804277246   3.708064174   0.030590864;
19.07062214         144.245252    5.068950852   7.122041091   0.291300144;
3.545651498         81.91319965   0.507448453   15.55778707   0.932342359;
55.60615848         485.2375787   9.9164966     1.053269604   0.005101666;
33.72918893         254.4190723   5.951475644   6.8907448     0.036272132;
63.60711906         497.457117    13.36449112   1.518836463   0.00947714;
95.67269057         442.014416    11.16642955   1.761628882   0.000301236;
27.5278048          296.0033662   6.094181941   5.902705217   0.029294577;
74.95684636         436.8692321   10.32180147   1.147780915   0.007008567;
4.341164572         20.5123584    1.560910129   15.16397404   0.879956637;];
a=[5;100;4;3;0.01;0.15]; b=[20;200;5.5;7;0.05;0.35];
c=[50;400;9;12;0.75;0.55];
[m,n]=size(xij);
for j=1:n
    aj(1,j)=max(xij(:,j));
    bj(1,j)=min(xij(:,j));
end
for j=1:n
        for i=1:m
    dij(i,j)=(xij(i,j)-bj(1,j))/(aj(1,j)-bj(1,j));
    %dij(i,j)=(aj(1,j)-xij(i,j))/(aj(1,j)-bj(1,j));
        end
```

```
end
dij=dij+1;
for i=1:m
    eij(i,:)=dij(i,:)/sum(dij(i,:));
end

Hj=-1/log(m)*sum(eij.*log(eij),1);
disp('H')
H=sum(Hj)
disp('W')
Wj=-1/(n-H)*(-Hj+1);%式(10)
for i=1:m
    for j=1:n
        x=xij(i,j);
        x1=a(j)-0.1;
        x2=a(j)+0.1;
        x3=b(j)-0.1;
        x4=b(j)+0.1;
        x5=c(j)-0.1;
        x6=c(j)+0.1;
            if x<=x5
                u(j,1)=0;
            else if x>x5&&x<=x6
                    u(j,1)=0.5-0.5*sin(abs(pi*(x-C(j))/(x6-x5)));
                        else if x>x6
                                u(j,1)=1;
                            end
                end
            end
            if x<=x3
                u(j,2)=0;
            else if x>x3&&x<=x4
                    u(j,2)=0.5+0.5*sin(abs(pi*(x-b(j))/(x4-x3)));
                else if x>x4&&x<=x5
                    u(j,2)=1;
                    else if x>x5&&x<=x6
                    u(j,2)=0.5+0.5*sin(abs(pi*(x-C(j))/(x6-x5)));
                        else if x>x6
                                u(j,2)=0;
                            end
                        end
                    end
                end
```

```
        end

    if x<=x1
        u(j,3)=0;
        else if x>x1&&x<=x2
            u(j,3)=0.5+0.5*sin(abs(pi*(x-a(j))/(x2-x1)));
            else if x>x2&&x<=x3
                u(j,3)=1;
                else if x>x3&&x<=x4
                u(j,3)=0.5-0.5*sin(abs(pi*(x-b(j))/(x4-x3)));
                    else if x>x4
                        u(j,3)=0;
                    end
                end
            end
        end
    end

    if x<=x1
        u(j,4)=0;
        else if x>x1&&x<=x2
            u(j,4)=0.5-0.5*sin(abs(pi*(x-a(j))/(x2-x1)));
                else if x>x2
                    u(j,4)=1;
                end
            end
        end
    end
disp(['D',num2str(i),'所对应的 R'])
u
  disp(['D',num2str(i),'所对应的 B'])
B=Wj*u
  disp(['D',num2str(i),'所对应的 j'])
ji=B./sum(B)
    end
```

附录 E

组合优选与路径数确定程序

```
%组合优选
k = 1;
for i = 1:41;
    flag = 0;
    for j = 1:length(I);
        if( i == I(j) )
            flag = 1;
        end;
    end;
    if( flag == 0 )
        I1(k) = i;
        k = k+1;
    end;
end;
ebest = jscb(F,I,A,Q,q,readMethod(Methodset,1));
n = 1;
for K = 1:500;

      for i = 1:9;
        for j = i+1:10;
            if( jscb(F,I,A,Q,q,readMethod(Methodset,i)) >
jscb(F,I,A,Q,q,readMethod(Methodset,j)) )
                T = readMethod(Methodset,j);
```

```
                    Methodset =
writeMethod(Methodset,readMethod(Methodset,i),j);
                    Methodset = writeMethod(Methodset,T,i);
                end;
            end;
        end;

            if( jscb(F,I,A,Q,q,readMethod(Methodset,1)) < ebest )
            ubest = readMethod(Methodset,1);
            ebest = jscb(F,I,A,Q,q,readMethod(Methodset,1));
        end;
            if( i <= 5 )
            else
                Methodset = writeMethod(Methodset,sjfa(I1),i);
            end;
        end;
         for i = 1:10;
             XE = jscb(F,I,A,Q,q,readMethod(Methodset,i));
             if( rand(1) < 0.3 && XE ~= ebest)
                 T = getVariationMethod(I1,readMethod(Methodset,i));
                Methodset = writeMethod(Methodset,T,i);
            end;
        end;
            for i = 1:10;
            XE = jscb(F,I,A,Q,q,readMethod(Methodset,i));
            if( rand(1) < 0.3 && XE ~= ebest)
                T =
getCrossMethod(I1,readMethod(Methodset,i),readMethod(Methodset,1));
                Methodset = writeMethod(Methodset,T,i);
            end;
        end;
        N(n) = K;
        Q1(n) = ebest;
        n = n+1;
        disp(n);
end;

%路径数确定
for i = 1:26;
    NL(i) = 0;
end;
```

```
for i = 1:26;
    for j = 1:41;
        if( A1(i,j) == 1 )
            NL(i) = NL(i)+1;
        end;
    end;
end;
H1 = 0;
for i = 1:26;
    if( NL(i) ~= 0 )
        H1 = H1+q(i)/Q * log(NL(i));
    end;
end;
H2 = 0;
for i = 1:26;
    H2 = H2+q(i)/Q * log(abs(q(i)/Q));
end;
H = H1 - H2;
```

参考文献

[1] Rothfarb B, Frank H. Rosenbaum D M, et al. Optimal design of offshore natural-gas pipeline systems [J]. Operations research, 1970, 18 (6): 992-1020.

[2] Chang S K. The generation of minimal trees with a Steiner topology [J]. Journal of the ACM, 1972, 19 (4): 699-711.

[3] Goldberg D E. Genetic algorithms in search, optimization and machine learning [M]. New York: Addison-Wesley Publish Company, 1983.

[4] Frey J P, Simpson A R, Dandy G C, et al. Genetic algorithm in pipe network optimization: the next generation in distribution system analysis [J]. Public Works, 1996, 127 (7): 39-42.

[5] Simpson A R, Dandy G C, Murphy L J. Genetic algorithms compared to other techniques for pipe optimization [J]. Journal of Water Resources Planning and Management, 1994, 120 (4): 423-443.

[6] Simpson A R, Goldberg D E. Pipeline optimization via genetic algorithm from theory to practice [M]. London: Water Pipeline Systems, 1994.

[7] Hassanli A M, Dandy G C. Optimal layout model for pressure irrigation systems using genetic algorithms [D]. Adelaide: The University of Adelaide, 1994.

[8] Cheesman A P. How to optimize gas pipeline design by computer [J]. Oil and Gas Journal, 1971, 69 (51): 64-68.

[9] Talachi R K. Optimization of natural gas pipeline design [J]. ASME Petroleun Dimision, 1988, 133-135.

[10] Sun C K, Uraikul V, Chan C W, et al. An integrated expert system/operations research approach for the optimization of natural gas pipeline operations [J]. Engineering Applications of Artificial Intelligence, 2000, 13 (4): 465-475.

[11] Bailey R. Williams uses HMI SCADA system to cut operating costs [J]. Pipe Line and Gas Industry, 2001, 84 (2): 29-31.

[12] Ainouche A. LP model uses line-pack to optimize gas pipeline operation [J]. Oil and gas journal, 2003, 101 (8): 68-71.

[13] Babu B V, Angira R, Chakole P G, et al. Optimal design of gas transmission network using differential evolution [D]. Pilani, India: Birla Institute of Technology and Science, 2003.

[14] Edgar T F, Himmelblau D M, Bickel T C. Optimal design of gas transmission networks [J]. Society of Petroleum Engineers Journal, 1978, 18 (2): 96-104.

[15] Üster H, Dilaveroğlu Ş. Optimization for design and operation of natural gas transmission networks [J]. Applied Energy, 2014, 133: 56-69.

[16] Al-Sobhi S A, Elkamel A. Simulation and optimization of natural gas processing and production network consisting of LNG, GTL, and methanol facilities [J]. Journal of Natural Gas Science and Engineering, 2015, 23: 500-508.

[17] Ríos-Mercado R Z, Borraz-Sánchez C. Optimization problems in natural gas transportation systems: a state-of-the-art review [J]. Applied Energy, 2015, 147: 536-555.

[18] 李书文，姚亦华. 天然气集输网络最优化——静态设计 [J]. 天然气工业，1988 (2): 84-90.

[19] 宋东昱，肖芳淳．管道结构多目标可靠性灰色优化设计［J］．天然气工业，1993（3）：65-71.
[20] 李长俊，杨宇，廖晓蓉，等．长距离输气管道工程混合变量优化设计研究［J］．管道技术与设备，2001（3）：1-4.
[21] 曾光．枝状管网离散优化设计的研究［D］．哈尔滨：哈尔滨工业大学，2006.
[22] 马孝义，范兴业，赵文举，等．基于整数编码遗传算法的树状灌溉管网优化设计方法［J］．水利学报，2008，378（3）：373-379.
[23] 周荣敏，林性粹．用基于整数编码的改进遗传算法进行环状管网优化设计［J］．灌溉排水，2001（3）：49-52.
[24] Muhlbauer W K. Pipeline risk management manual [M]. New York: Gulf Publishing Company, 1992.
[25] Muhlbauer W K. Pipeline risk management manual [M]. 2nd ed. New York: Gulf Publishing Company, 1996.
[26] Kiefner J F Maxey W A, Eiber R, et al. Failure stress levels of flaws in pressurized cylinders [M]//ASTM STP. Philadelphia: American Society for Testing and Materials, 1973.
[27] Hong H P. Inspection and maintenance planning of pipeline under external corrosion considering generation of new defects [J]. Structural safety, 1999, 21 (3): 203-222.
[28] Caleyo F, Gonzalez J L, Hallen J M. A study on the reliability assessment methodology for pipelines with active corrosion defects [J]. International journal of pressure vessels and piping, 2002, 79 (1): 77-86.
[29] Godfrey J. Colonial uses risk assessment to enhance system integrity [J]. Pipe Line and Gas Industry, 2001, 27 (13): 49-61.
[30] Abes A J, Salinas J J, Rogers J T. Risk assessment methodology for pipeline systems [J]. Structural safety, 1985, 2 (3): 225-237.
[31] BSI PD 64 93-1991 Guidelines on method for assessment of the acceptability of flaws in fusion welding structures.
[32] Kirkwood M G, Karam M. Priority rating scheme guides maintenance, rehab decisions [J]. Pipe Line and Gas Industry, 1995, 78 (7): 21-23, 26-28.
[33] Goc J A M. Risk assessment/management program evolves with experience [J]. Pipe Line and Gas Industry, 1995, 78 (6): 45-46.
[34] Dusek P J. Pipeline integrity programs help optimize resources [J]. Pipeline and Gas Journal, 1994, 221 (3): 36-40.
[35] 黄维和．油气管道风险管理技术的研究及应用［J］．油气储运，2001（10）：1-10.
[36] 姚安林．论我国管道风险评价技术的发展战略［J］．天然气工业，1999（4）：79-82.
[37] 余涛．石化装置风险评估与仪表安全功能评估技术研究［D］．北京：北京化工大学，2012.
[38] 田娜，陈保东，陈其胜．灰色关联分析在长输管道肯特风险评价中的应用［J］．油气储运，2006（4）：7-10.
[39] 王凯全，王宁，张弛，等．城市天然气管道风险特征与肯特法的改进［J］．中国安全科学学报，2008（9）：152-157.
[40] 徐慧，肖楠，郭振邦，等．基于 AHP 法和灰色模式识别理论的海底管道系统路由定量风险评估［J］．海洋工程，2005（4）：109-114.
[41] 陈航，苏定雄，杨莉．管道主要风险的失效频率数据分析［J］．管道技术与设备，2007，81

(5): 24-25.
[42] 翁永基. 油气管道泄漏事故的定量风险评价 [J]. 石油学报, 2004 (5): 108-112.
[43] 王金柱, 王泽根, 段林林. 基于 GIS 的天然气管道风险评价体系 [J]. 油气储运, 2009, 28 (9): 18-22.
[44] 黄小美, 李百战, 彭世尼, 等. 基于事件树的天然气管道风险定量分析 [J]. 煤气与热力, 2009, 29 (4): 42-46.
[45] 潘婧, 蒋军成. 基于MATLAB的灰色熵权管道风险评价模型 [J]. 石油化工安全环保技术, 2010, 26 (4): 17-20.
[46] 温濠玮, 李轩, 陈强. 石油天然气管道外部安全防护距离研究 [J]. 华北科技学院学报, 2017, 14 (3): 63-70.
[47] 杜学平. 北京市天然气输配管网风险评估的应用研究 [D]. 北京: 北京建筑工程学院, 2010.
[48] 梁磊. 基于 GIS 的城市燃气管网信息管理预警系统研究与开发 [D]. 成都: 西南交通大学, 2013.
[49] 唐亮. 蒙西煤制天然气管道风险评价 [D]. 大庆: 东北石油大学, 2016.
[50] 罗小兰, 向启贵, 银小兵, 等. 关于天然气管道环境风险评价的认识 [J]. 石油与天然气化工, 2008, 37 (6): 532-534.
[51] 郑艳红, 张秋菊, 康国栋. 天然气管道环境风险影响分析 [J]. 节能技术, 2013, 31 (6): 540-543.
[52] 高俊波, 郭越, 王晓峰. 城市燃气管网的定量风险分析模型研究 [J]. 应用基础与工程科学学报, 2008, 16 (2): 7-12.
[53] 王岩. 天然气管道运行风险评价方法及其应用研究 [D]. 天津: 天津工业大学, 2017.
[54] 李强, 崔彦, 郝伟, 等. 天然气管道风险分析 [J]. 化工管理, 2015, 377 (18): 52.
[55] 王翠平. 长输天然气管道泄漏模拟与风险控制措施研究 [D]. 青岛: 中国石油大学 (华东), 2014.
[56] 周代军. 城市燃气管网定量风险评价指标体系的研究 [D]. 成都: 西南石油大学, 2012.
[57] 陈文书. 论城镇燃气风险评估及控制方法 [J]. 中国石油石化, 2017, 371 (12): 87-88.
[58] 高博禹. 城镇燃气关键风险识别及控制对策 [J]. 石油石化节能, 2017, 7 (8): 55-57.
[59] 付小方. 天然气输送管道风险评价与完整性评定 [D]. 广州: 华南理工大学, 2011.
[60] 王勇. 普光输气站场定量风险评价技术研究 [D]. 成都: 西南石油大学, 2012.
[61] 戴联双, 于智博, 贾光明, 等. 基于管道完整性管理的风险评价技术研究 [J]. 工业安全与环保, 2014, 40 (6): 54-57.
[62] 王俊强, 何仁洋, 刘哲, 等. 中美油气管道完整性管理规范发展现状及差异 [J]. 油气储运, 2018, 37 (1): 6-14.
[63] 王天瑜. 天然气管道风险分析与安全距离计算方法研究 [D]. 北京: 中国矿业大学 (北京), 2017.
[64] Kiefner J F, Vieth P H. A modified criterion for evaluating the remaining strength of corroded pipe [R]. Battelle Columbus Div: [s. n.], 1989.
[65] ASME B31G-2012 Manual for determining the remaining strength of corroded pipelines.
[66] Ahammed M. Prediction of remaining strength of corroded pressurised pipelines [J]. International Journal of Pressure Vessels and Piping, 1997, 71 (3): 213-217.
[67] Ahammed M. Probabilistic estimation of remaining life of a pipeline in the presence of active cor-

rosion defects [J]. International Journal of Pressure Vessels and Piping, 1998, 75 (4): 321-329.

[68] Klever F J. Stewart G. New developments in burst strength predictions for locally corroded pipelines [R]. New York: American Society of Mechanical Engineers, 1995.

[69] Cooper N R, Blakey G, Sherwin C, et al. The use of GIS to develop a probability-based trunk mains burst risk model [J]. Urban Water. 2000, 2 (2): 97-103.

[70] Palmer-Jones R, Turner S, Hopkins P. A new approach to risk based pipeline integrity management [C]//International Pipeline Conference, 2006.

[71] City of Edmonton. Standard sewer condition rating system report [R]. Edmonton: City of Edmonton Transportation Department, 1996.

[72] Zhao J Q, Mcdonald S E. Condition assessment and rehabilitation of large sewers [M]//Underground infrastructure research. Lisse, Netherlands Exton (PA): A A Balkema, 2001.

[73] Kleiner Y, Rajani B. Sadiq R. Failure risk management of buried infrastructure using fuzzy-based techniques [J]. Journal of Water Supply, 2006, 55 (2): 81-94.

[74] 马坤. 基于神经网络的管道失效模式诊断方法研究 [D]. 大庆: 大庆石油学院, 2008.

[75] 胡翩, 刘书海, 王德国, 等. 基于变权综合理论的天然气管道动态风险评价 [J]. 中国安全科学学报, 2012, 22 (7): 82-88.

[76] 冯文斌. 基于层次分析法的LNG储罐风险评估 [J]. 天然气与石油, 2017, 35 (4): 125-130.

[77] 杜学平, 刘燕, 刘蓉. 基于回归分析的燃气管道事故率预测 [J]. 煤气与热力, 2011, 31 (3): 47-50.

[78] 林一. 自升式钻井平台风险评估方法研究 [D]. 哈尔滨: 哈尔滨工程大学, 2013.

[79] 梁辰. 城市天然气管道风险评价的研究 [D]. 哈尔滨: 哈尔滨理工大学, 2015.

[80] 隋丽静. 深圳市天然气输配系统运行风险评估 [D]. 广州: 华南理工大学, 2013.

[81] 宿兰花. 基于模糊理论的管道失效模式诊断模型与方法研究 [D]. 青岛: 中国石油大学 (华东), 2010.

[82] Coulson K E W, Worthingham R G. Standard damage-assessment approach is overly conservative [J]. Oil and Gas Journal, 1990, 88 (15): 54-59.

[83] Stephens D R. Research seeks more precise corrosion defect assessment: Part 2 [J]. Pipe Line Industry, 1994, 77: 8.

[84] 石磊明. 城市埋地燃气管道风险评价研究 [D]. 北京: 北京建筑工程学院, 2012.

[85] 赵秀雯. 城市埋地天然气管道的脆弱性评估研究 [D]. 北京: 首都经济贸易大学, 2010.

[86] 苗金明, 王强. 城市燃气埋地钢管腐蚀失效风险评估方法研究 [J]. 中国安全科学学报, 2013, 23 (7) 49-54.

[87] 李欣, 赵忠刚, 王福宾. 管道外腐蚀影响因素的主成分分析模型 [J]. 管道技术与设备, 2009, 95 (1): 6-8.

[88] 姚安林. "十五"科技计划专题"城市埋地燃气管道重大危险源评价与风险评估技术体系"研究报告 [R]. 成都: 西南石油大学, 2004.

[89] 云中雁. 基于地面检测的天然气埋地钢管的风险评估 [D]. 重庆: 重庆大学, 2009.

[90] 陈报章, 仲崇庆. 自然灾害风险损失等级评估的初步研究 [J]. 灾害学, 2010, 25 (3): 1-5.

[91] 马剑林, 陈利琼, 韩军伟. 长距离天然气管道地质灾害风险区划 [J]. 管道技术与设备, 2011, 107 (1): 14-16.

[92] 王新华，谢阁新，何仁洋，等. 基于熵权法的埋地管道土壤腐蚀性综合评价 [J]. 石油机械，2008，355 (9)：25-28.
[93] 尹法波，杜曼，赵东风. 地震地区长输天然气管道失效风险分析与评价 [J]. 油气储运，2013，32 (5)：474-479.
[94] 杨媚. 天然气管道环境风险评价方法探讨 [J]. 绿色科技，2014 (10)：214-218.
[95] 武珊珊. 基于修正突变级数法的天然气管道环境风险评价研究 [D]. 合肥：合肥工业大学，2017.
[96] 陈龙，黄宏伟. 软土盾构隧道施工期风险损失分析 [J]. 地下空间与工程学报，2006 (1)：74-78.
[97] 刘丹丹. 基于层次分析的模型构建及在管道腐蚀检测中的应用研究 [D]. 大庆：东北石油大学，2012.
[98] 郭阳阳. 基于神经网络的海南变电站土壤对 Q235 钢的腐蚀预测研究 [D]. 北京：华北电力大学，2016.
[99] 魏亮. 长输管线防腐技术的研究 [D]. 西安：西安石油大学，2015.
[100] 郭人毓. 大庆炼化原料气外输管道腐蚀检测和评价技术研究 [D]. 大庆：东北石油大学，2015.
[101] 赵志峰. 长输管道腐蚀防护系统安全性动态评价方法研究 [D]. 西安：西安科技大学，2017.
[102] 程兴. 基于综合检测的埋地燃气管道腐蚀剩余寿命预测研究 [D]. 广州：华南理工大学，2016.
[103] 康洪. 重庆在役燃气管网的腐蚀分析及防腐对策研究 [D]. 重庆：重庆大学，2008.
[104] 董超芳，李晓刚，武俊伟，等. 土壤腐蚀的实验研究与数据处理 [J]. 腐蚀科学与防护技术，2003 (3)：154-160.
[105] 刁照金. 原油集输管道腐蚀及剩余寿命研究 [D]. 抚顺：辽宁石油化工大学，2014.
[106] 黄蓉. 基于人工神经网络的城市燃气管道的土壤腐蚀性评价研究 [D]. 重庆：重庆大学，2008.
[107] 高姿乔，马贵阳，王云等. 埋地蒸汽管线热损失影响因素分析 [J]. 辽宁石油化工大学学报，2014，34 (5)：32-35.
[108] GB 50251—2015 输气管道工程设计规范.
[109] Feldman S C，Pelletier R E，Walser W E，et al. Integration of remotely sensed data and geographic information system analysis for routing of the Caspian pipeline [C]//Proceedings of the Thematic Conference on Geologic Remote Sensing，Environmental Research Institute of Michigan，1994.
[110] Goodwin P B，Ellis J M. Using remote sensing technology to develop an environmental and engineering baseline，Tengiz JV Block，Kazakhstan [C]//Proceedings of the Thematic Conference on Geologic Remote Sensing，Environmental Research Institute of Michigan，1994.
[111] Feldman S C，Pelletier R E，Walser E，et al. A prototype for pipeline routing using remotely sensed data and geographic information system analysis [J]. Remote Sensing of Environment，1995，53 (2)：123-131.
[112] 惠熙祥，航灭、航空遥感技术在长输管道选线中的应用 [J]. 石油规划设计，1990 (3)：31-33.
[113] 周愚峰. 航天遥感在长输管道选线中的应用 [J]. 油气储运，1997 (8)：34-38.

[114] 中国石油天然气总公司．石油地面工程设计手册：原油长输管道工程设计［M］．东营：中国石油大学出版社，1995.
[115] 刘志刚．群组层次分析法和变权理论在海底管道路由选线中的应用［D］．天津：天津大学，2005.
[116] Murray A. Mohitpour M，Golshan H. Pipeline design and construction：A practical approach［M］. New York：A S M E，2003.
[117] Nie T-Z. Optimal lay-out of natural gas pipeline network［C］. Amsterdam：23rd World Gas Conference，2006.
[118] Ruan Y，Liu Q，Zhou W，et al. A procedure to design the mainline system in natural gas networks［J］. Applied Mathematical Modelling，2009，33（7）：3040-3051.
[119] Chapon M. Conception et construction des réseaux de detransport de gaz［M］. France：Association Technique industry，1990.
[120] Sanaye S，Mahmoudimehr J. Optimal design of a natural gas transmission network layout［J］. Chemical Engineering Research and Design，2013，91（12）：2465-2476.
[121] 陈森发．Steiner问题和给水管网布局的优化［J］．南京工学院学报，1985，15（2）：112-119.
[122] 李书文．气田网络优化布局初探［J］．天然气工业，1989，9（5）：68-72.
[123] 刘扬．具有确定网络拓扑关系的集输管网系统布局优化设计［J］．石油工程建设，1990（3）：7-9.
[124] 刘扬，关晓晶．油气集输系统优化设计研究［J］．石油学报，1993（3）：110-117.
[125] 刘扬．集输管网系统模糊优化设计［J］．大庆石油学院学报，1992（2）：32-36.
[126] 刘扬，赵洪激，周士华．低渗透油田地面工程总体规划方案优化研究［J］．石油学报，2000（2）：88-95.
[127] 郑清高．油气集输管网几何布局的研究［J］．石油学报，1995（1）：139-143.
[128] 李波，余红伟．管网布局规划技术综述［J］．石油规划设计，2001（1）：16-18.
[129] 李宏伟，谭家华．海底油气集输管网的优化设计［J］．中国海上油气工程，2000（4）：13-16.
[130] 彭继军，田贯三，张增刚，等．燃气管网拓扑结构的计算机生成方法及评价［J］．山东建筑工程学院学报，2002（2）：50-55.
[131] 刘扬，魏立新，李长林，等．油气集输系统拓扑布局优化的混合遗传算法［J］．油气储运，2003（6）：33-36.
[132] 李世武，苏莫明．热水管网布置的优化设计方法［J］．煤气与热力，2003（5）：271-275.
[133] 安金钰．枝状燃气管网布局和经济管径同步优化研究［D］．成都：西南石油大学，2012.
[134] 段常贵，王瑄．燃气管网布局优化技术的研究［J］．煤气与热力，2004（1）：1-4.
[135] 王恒．城市燃气管线网络系统优化设计研究［D］．哈尔滨：哈尔滨工业大学，2005.
[136] 李成乐，田贯三．燃气管网水力计算图节点计算机自动编号的方法［J］．山东建筑工程学院学报，2005（4）：51-54.
[137] 聂廷哲，段常贵．基于Hopfield神经网络的输气管网布线优化［J］．天然气工业，2005（2）：155-157.
[138] 杨伟伟，沈时兴，黄健．环状给水管网拓扑关系的自动搜索［J］．合肥工业大学学报（自然科学版），2006（12）：1565-1567.

[139] 丁国玉，田贯三. AutoCAD VB（VBA）二次开发在燃气管网水力计算中的应用［J］. 城市燃气，2008，395（1）：15-18.
[140] 杨建军，战红，刘扬，等. 星状原油集输管网拓扑优化的混合遗传算法［J］. 西南石油大学学报（自然科学版），2008，129（4）：166-169.
[141] 赵峰. 城市天然气输配管网布局优化研究［D］. 青岛：中国石油大学（华东），2012.
[142] 李瀛龙. 天然气管网的脆弱性和鲁棒性研究［D］. 成都：西南石油大学，2017.
[143] 刘储朝，钱新明，段在鹏，等. 基于风险和成本的化工园区供电网络优化设计［J］. 安全与环境学报，2016，16（3）：172-177.
[144] 马亮. 城镇燃气管网系统的可靠性研究［D］. 成都：西南石油大学，2016.
[145] 刘海燕，庞小平. 利用GIS和模糊层次分析法的南极考察站选址研究［J］. 武汉大学学报（信息科学版），2015，40（2）：249-252，257.
[146] 卢芳. 基于排队论的电动汽车充电站选址定容研究［D］. 北京：北京交通大学，2015.
[147] 王浩. LNG加气站选址决策研究［D］. 大连：大连海事大学，2014.
[148] Jo Y D，Ahn D J. Analysis of hazard areas associated with high-pressure natural-gas pipeline［J］. Journal of Loss Prevention in the Process Industries，2002，15（3）：179-188.
[149] CRTD-20-1 Risk-based inspection-development of guidelines，volume 2，general document.
[150] CRTD-20-1 Risk -based inspection-development of guidelines，volume 1，general document.
[151] Gleewis K. 美国运输部将风险管理作为一种管理方法所取得的进展［C］//国际管道技术会议论文集. 北京，1999.
[152] ANSI/AWWA C105/A21. 5-05. Polyethylene encasement for ductile-iron pipe systems.
[153] 50929-3-85 Probability of corrosion of metallic materials when subject to corrosion from the outside.
[154] 胡世信. 阴极保护工程手册［M］. 北京：化学工业出版社，1999.
[155] 袁厚明. 地下管线检测技术［M］. 北京：中国石化出版社，2006.
[156] 刘春波. 埋地钢质管道腐蚀防护模糊综合评价技术研究［D］. 北京：北京工业大学，2007.
[157] Lu L，Liang W，Zhang L. A comprehensive risk evaluation method for natural gas pipelines by combining a risk matrix with a bow-tie model［J］. Journal of Natural Gas Science and Engineering，2015，25（4）：124-133.
[158] 马亮亮，田富鹏. 主成分分析与因子分析在肺心病发病情况分析中的应用［J］. 四川文理学院学报，2010，20（2）：66-69.
[159] 孙德山. 主成分分析与因子分析关系探讨及软件实现［J］. 统计与决策，2008，25（13）：153-155.
[160] 胡书文，徐建武. 主成分分析和因子分析在中国股票评价体系中的应用［J］. 重庆理工大学学报（自然科学），2017，31（5）：192-202.
[161] 赵艳南，牛瑞卿，彭令，等. 基于粗糙集和粒子群优化支持向量机的滑坡变形预测［J］. 中南大学学报（自然科学版），2015，46（6）：2324-2332.
[162] 彭令，牛瑞卿，赵艳南，等. 基于核主成分分析和粒子群优化支持向量机的滑坡位移预测［J］. 武汉大学学报（信息科学版），2013，38（2）：148-152.
[163] 彭令. 三峡库区滑坡灾害风险评估研究［D］. 武汉：中国地质大学，2013.
[164] 张伟. 水环境规划中人均生活污水排放量估算研究［D］. 苏州：苏州科技学院，2010.
[165] 陈艳，李靖，焦杰. 脂肪酸酰胺水解酶抑制剂抑制活性的神经网络预测模型［J］. 湖南师范

大学自然科学学报，2018，41 (1)：64-70.

[166] 杨坚争，郑碧霞，杨立钒. 基于因子分析的跨境电子商务评价指标体系研究 [J]. 财贸经济，2014，13 (9)：94-102.

[167] 公丽艳，孟宪军，刘乃侨，等. 基于主成分与聚类分析的苹果加工品质评价 [J]. 农业工程学报，2014，30 (13)：276-285.

[168] 陈欢，曹承富，张存岭，等. 基于主成分-聚类分析评价长期施肥对砂姜黑土肥力的影响 [J]. 土壤学报，2014，51 (3)：609-617.

[169] 李明明. 页岩含气量主控因素及其定量模型 [D]. 大庆：东北石油大学，2015.

[170] 李书全，吴秀宇，袁小妹，等. 基于GA-SVM的施工人员安全行为影响因素及决策模型研究 [J]. 中国安全生产科学技术，2014，10 (12)：185-191.

[171] 韩延辉，龙小梁，陈玲玲，等. 加油站汽油油气损失模型的建立 [J]. 辽宁化工，2012，41 (4)：410-412.

[172] 高锦鹏，龙小柱，王长松，等. 一种油气损失模型的建立 [J]. 化学工程与装备，2010，11 (2)：24-28.

[173] 李妍，龙小柱，王长松，等. 加油站油气挥发损失模型的建立 [J]. 辽宁化工，2010，39 (6)：609-612.

[174] 何顺利，栾国华，杨志，等. 一种预测低压气井积液的新模型 [J]. 油气井测试，2010，19 (5)：9-13.

[175] 刘金侠，金之钧，解国军. 用发现过程模型定量预测油气资源结构 [J]. 石油大学学报（自然科学版），2005，(3)：17-22.

[176] 范华军，张劲军. 埋地含蜡原油管道凝管损失计算模型研究 [J]. 安全与环境学报，2007，33 (2)：136-139.

[177] 彭星煜，梁光川，张鹏，等. 天然气管道失效个人生命风险评价技术研究 [J]. 中国安全科学学报，2012，22 (4)：139-143.

[178] 姚安林，周立国，汪龙，等. 天然气长输管道地区等级升级管理与风险评价 [J]. 天然气工业，2017，37 (1)：124-130.

[179] An J Y，Peng S L. Prediction and verification of risk loss cost for improved natural gas network layout optimization [J]. Energy，2018，148：1181-1190.

[180] Yassin-Kassab A，Templeman A B. Calculating maximum entropy flows in multi-source，multi-demand networks [J]. Engineering Optimization，1993，49 (25)：695-729.

[181] Buccella P，Stefanucci C，Sallese J M. Simulation，analysis，and verification of substrate currents for layout optimization of smart power ICs [J]. IEEE Transactions on Power Electronics，2015，31 (9)：6586-6595.

[182] 段常贵，徐彦峰，吴继臣，等. 遗传算法在煤气管径优化中的应用研究 [J]. 煤气与热力，1999 (2)：19-22.

[183] 周利剑，李振宇. 管道完整性数据技术发展现状及展望 [J]. 油气储运，2016，35 (7)：691-697.

[184] 郭磊，周利剑，白楠，等. 长输油气管道完整性管理信息化实践 [J]. 油气储运，2014，33 (2)：144-147.

[185] 蔡柏松，王建康. 3D GIS 技术在管道完整性管理中的应用 [J]. 天然气工业，2013，33 (12)：144-150.

[186] 付子航，单彤文. 大型LNG储罐完整性管理初探［J］. 天然气工业，2012，32（3）：86-93.
[187] 覃柏英，林贤坤，张令弥，等. 基于整数编码遗传算法的传感器优化配置研究［J］. 振动与冲击，2011，30（2）：252-257.
[188] 王萌，刘凯，牛利勇. 电动汽车充电站选址决策与评价研究［J］. 物流技术，2015，34（18）：117-120.
[189] 彭泽君，兰剑，陈艳，等. 基于云重心理论的电动汽车充电站选址方法［J］. 电力建设，2015，36（4）：1-7.
[190] 董洁霜，董智杰. 考虑建站费用的电动汽车充电站选址问题研究［J］. 森林工程，2014，30（6）：104-108.
[191] 冯文成，曲思源. 基于集对-熵权分析的铁路枢纽物流中心站选址的研究［J］. 铁道经济研究，2013（Z1）：89-92.
[192] 郝建飞. 电动汽车充电站选址问题研究［D］. 大连：大连海事大学，2015.